食品衛生7Sで実現する！
異物混入対策とフードディフェンス

米虫節夫・角野久史●監修　食品安全ネットワーク●編著

整理 Seiri
整頓 Seiton
清掃 Seisou
洗浄 Senjo
殺菌 Sakkin
躾 Shitsuke
清潔 Seiketsu

がすべての基本だ！

日刊工業新聞社

はじめに

　食品の安全に対する消費者や流通業者の要求が、益々厳しくなっています。食中毒予防に対する要求はもちろんですが、健康に危害を与えるおそれのない異物混入までも、マスメディアが大きく報じるようになったため、消費者や流通業者が食品企業に対して過度な対策を求めてくるようになりました。

　しかし、このような異物（金属やガラス、プラスチック類、ビニール片、昆虫類、毛髪等）混入防止は、個別対策だけでは、短期的には効果があったとしても、しばらく時間がたつと、また元の木阿弥に戻ってしまいます。異物混入対策は、食品衛生7S（整理・整頓・清掃・洗浄・殺菌・躾・清潔）の構築、維持によってこそ、根本的な対応ができるのです。

　なぜなら、まず、食品衛生7Sにより工場内が清潔となり、異物混入の原因となる異物が現場から少なくなります。さらに、従業員に無意識の意識変革が起きて、異物混入の個別対策が総合的に働くようになります。その結果、異物混入が限りなくゼロに近づくからです。食品衛生7Sは食品安全の土台であるとともに、異物混入対策の第一歩なのです。

　本書第1章の「食品衛生7Sとは」で、食品衛生7Sの定義と目的を詳しく記述しています。第4章の「食品衛生7Sで防ぐ異物混入」では、食品衛生7Sの構築の経過と異物混入対策の効果について具体的に記述しています。第6章、第7章では実際の製造現場で、食品衛生7Sの構築により異物混入対策が有効に働き、消費者からの異物混入の「お申出」が減少している事例を示します。

　一方で、2013年A社で「食品への悪意をもった農薬混入事件」が発生し、これ以後、流通業者から監視カメラの設置などのフードディフェンスが求められるようになってきています。

このA社の「食品への悪意をもった異物（農薬）混入事件」の原因は、A社が製造現場で働く準社員の人事制度の見直しを行い、人事考課をして新しい給与制度の導入を行ったことに遠因があります。農薬を混入させた準社員はこの新給与制度の導入で、給与が下がったのです。ところが、この人事考課をした社員は、通常、あまり製造現場におらず、当該準社員の仕事ぶりを見ることなく、評価をしたのです。さらに、この人事考課の内容は、準社員に何の説明もなく、すなわち準社員の理解と納得もないまま給与を下げるというものでした。これでは、社員と当該準社員とのコミュニケーション不足は明白です。

　工場の清潔度は悪くない状況だったと思われますが、それも工場長をトップとする社員、準社員の全員参加で構築したものではなく、トップダウンのみで行っていたのではないかと思われます。この事件は、食品衛生7Sを構築、維持・発展しておれば防げた事件です。

　食品衛生7Sはトップが「何のために行うのか」という方針を明確にして、社員だけでなく、準社員・パート職員も含めた、その工場で働く全員参加でなければ構築、維持・発展はできません。食品衛生7Sは製造現場の代表によって食品衛生7S委員会を結成して、定期的に食品衛生7Sパトロールを行い、食品衛生7Sの定義にてらして指摘点を明確にして、全員で改善を行っていく取り組みです。これにより、工場全体のコミュニケーションが豊かになり、トップダウンもボトムアップも活発になります。そのような状況のなかで、工場で働く従業員の不満は解消され、従業員満足も出てきます。そのことについては第3章の「異物混入対策もフードディフェンスも"根"は同じ」と第5章「食品衛生7Sで行うフードディフェンス」で詳しく記述しています。また、第6章、第7章でも実際に製造している現場で、食品衛生7Sの構築によりフードディフェンスが有効に働いていることを示しています。

　食品衛生7Sの目的は、会社を持続させて、社員とその家族の幸せを守ることです。さらに、食品衛生7Sを行うことは、異物混入対策にな

り、フードディフェンスにもなります。

　本書は食品安全ネットワークの会員によって執筆されました。食品安全ネットワークの19年間の活動がなければ本書は誕生しませんでした。食品安全ネットワークの会員の皆様に改めて感謝申し上げます。最後に本書の刊行は日刊工業新聞社出版局書籍編集部藤井浩氏の献身的な協力なしでは誕生しませんでした。ここに、改めて感謝します。本当にありがとうございました。

2015年8月

　　　　　　　　　　　　　　　　　　　　食品安全ネットワーク会長
　　　　　　　　　　　　　　　　　　　　　　　角野　久史

目次

はじめに ……………………………………………………………… 1

第1章　食品衛生7Sとは

- **1.1** 食品衛生7Sの誕生 ………………………………………… 8
- **1.2** 食品衛生7Sの定義と目的 ………………………………… 11
- **1.3** 清潔と衛生的、異物としての微生物 …………………… 23
- **1.4** 躾の重要性 ………………………………………………… 27

第2章　異物混入とフードテロ事件の実態

- **2.1** 異物混入の歴史と現状 …………………………………… 32
- **2.2** フードテロの歴史と現状 ………………………………… 40
- **2.3** 意図的な異物混入事件の検討
  ── 他人事ではなく身近な所で起こっている ── ……… 42
- **2.4** 意図的な異物混入による経済的損失
  ──ひとたび事件を起こされると国や企業としてこんなに損失が発生する── … 50
- **2.5** 解決策 ── 特に日本企業としてどのような対策を取るか ── … 53

第3章 異物混入対策もフードディフェンスも"根"は同じ

- **3.1** 異物とはどのようなものを指すのか ………………… 60
- **3.2** 苦情・クレームにしめる異物混入の割合 ……………… 65
- **3.3** 偶然による異物混入 …………………………………… 67
- **3.4** 悪意をもった人による異物混入 ………………………… 71
- **3.5** 異物混入対策の根は同じ ………………………………… 74

第4章 食品衛生7Sで防ぐ異物混入―実践方法

- **4.1** 食品衛生7Sのクレーム削減効果 ……………………… 78
- **4.2** 異物は歩く ……………………………………………… 80
- **4.3** 異物となりうるものが存在しない環境のつくり方 …… 84
- **4.4** マネジメントの重要性 ………………………………… 106
- **4.5** 食品衛生7S活動で安心・安全のレベル向上へ ……… 111

第5章 食品衛生7Sで行うフードディフェンス

- **5.1** 悪意のある異物混入 …………………………………… 114

5.2	悪意はなぜ起こるのか……………………………………… 122
5.3	なぜマニュアル通りの作業が必要か……………………… 125
5.4	ルールを守るための躾の三原則…………………………… 130
5.5	労務管理によるフードディフェンス……………………… 134

第6章　事例-1　明宝特産物加工　食品衛生7Sからのステップアップ

6.1	食品衛生7Sへの取り組みスタート………………………… 140
6.2	異物混入対策とフードディフェンス……………………… 152
6.3	食品衛生7Sの実践事例……………………………………… 157
6.4	食品衛生7S導入による成果………………………………… 166

第7章　事例-2　四国化工機グループ　食品衛生7Sでの仕組みづくりと人づくり

7.1	会社概要―安全・安心を追求する………………………… 172
7.2	異物混入対策とフードディフェンスへの対応…………… 177
7.3	食品衛生7Sによる防御体制………………………………… 179
7.4	改善事例……………………………………………………… 182
7.5	終わりに……………………………………………………… 193

第 1 章

食品衛生7Sとは

1.1 食品衛生7Sの誕生

1.1.1 5S＋洗浄・殺菌

1996年に大阪府堺市の小学校で起こった腸管出血性大腸菌O-157による大規模食中毒事件は患者数9,523人、死者3人の大惨事となり[1]、人々に「食品安全」の重要性を再認識させるとともに、その対策としてのHACCPシステムの推進に弾みをつけました[2]。食品安全ネットワークはこれに呼応する形で設立され、「食品安全」を追究し、HACCP等の研究を深める中で、その基礎として必須の「食品衛生7S」を提唱するに至りました。

いうまでもなく食品企業の製品は「食品」であり、その良否は直接人の健康や生命にかかわります。また、ほとんどの食品は時間の経過に伴い品質が劣化して腐敗や変敗を生じ、細菌やウイルスに起因する食中毒が発生する危険性があるので、食品企業はこれらの目に見えない敵と戦わなければなりません。

日本では、かねてより食品企業も含めた多くの企業で、「5S（整理・整頓・清掃・清潔・躾：しつけ）」が推進されており、安全面や品質面での改善を進めるだけでなく、業務の効率化を図り、業績向上に大きな成果を上げてきました。

食品安全ネットワークは「食品安全」を追求する手法として、この「5S」に着目しました。食品工場で「食品安全」を確保するためには「清潔」が必須条件です。それも単に見た目がきれいであればよいのではありません。食中毒を予防するためには、微生物レベルでの清潔さが求められるのです。

そこで、食品企業で食品安全を求めて実施する5Sは、「清掃」の中に「洗浄・殺菌」を含める必要があります。食品安全ネットワークでは「洗浄」「殺菌」とも頭文字が「S」であることから、これらを含めて、「食品衛生7S」としています。

「食品衛生7S」は、多くの企業が職場の環境づくりに活用している「5S」の考え方を発展させ食品衛生に特化した仕組みであり、「清潔」な製造環境を作り出すことによって「食品安全」を得ようとするものといえます。

1.1.2　7Sと異物混入

最近、食品中への異物混入が大きな問題となっています。異物混入対策の原則としては、食品製造工程の近くに異物になるものを置かないということが一番重要です。食品衛生7Sを行うことにより、異物となるような不要な物が現場から除かれるので、食品衛生7Sは異物混入対策の最も基本的な対応となります。

さらに、意図的な異物混入に対する「フードディフェンス（食品防御）」は、意図的でない異物混入に対する「食品安全」とは根本的に異なりますが、食品衛生7Sはこれに対しても有効な手段となりえます。ここでは、そのような食品衛生7Sを紹介します。

 HACCPの歴史と腸管出血性大腸菌O-157

　アポロ計画の中で生まれたHACCPは、食品の安全と安心を保証する衛生管理・現場管理に最適な方法として、世界中で注目され利用されています。しかし、1971年に発表された当時はそれ程注目されませんでした。HACCPが見直されたのは、腸管出血性大腸菌O-157による集団食中毒の予防対策としてNASがその有効性を提唱してからです。O-157対策としてのHACCPは、異物混入対策としても有効です。日米のO-157とHACCPの歴史を、表形式にまとめると次のようになります。

O-157とHACCPの歴史

1971	Pillsbury社が、HACCPを発表
1982	米国オレゴン州などで腸管出血性大腸菌O-157による集団食中毒事件
1985	NAS (National Academy of Sciences、米国の学術会議) によるHACCP導入の勧告
1989	7原則発表 (NACMCF：U.S. National Advisory Committee on Microbiological Criteria for Foods)
1989-1994	O-157に関する厚生科学研究（日本・厚生省）
1990.09	日本で最初のO-157集団食中毒事件、浦和市の幼稚園、患者319人、死亡2人
1993	Jack in the BoxにおけるO-157集団食中毒事件、患者732人、死亡4人
1994.12	FDAによる水産食品HACCP
1995.01	USDAによる食肉HACCP
1995.05	総合衛生管理製造過程（日本版HACCP）導入
1996.05	日本版HACCPの対象食品に乳・乳製品、食肉加工製品を指定
1996.06	岡山県邑久町の小学校・幼稚園の給食でO-157食中毒事件、患者468人、死亡2人
1996.07	堺市小学校の学校給食でO-157食中毒事件、患者9523人、死亡3人
1996.08	O-157が指定伝染病に指定される
1999.04	O-157が感染症法で第3類感染症に指定される
2001	FDAによるジュースのHACCP
2014.05	厚生労働省が管理運営基準を改定して、国際的に通用する新しいHACCPの運用を開始
2014.10	「食品製造におけるHACCP入門のための手引書」を発表して、清潔を目的とする5Sの運用の上にHACCPの構築を提案

1.2　食品衛生7Sの定義と目的

　食品衛生7Sには7つの要素があり、これらを整理すると図1.1のようになります。「整理」「整頓」「清掃」「洗浄」「殺菌」は手段であり、それらの実施方法はルール（手順書）で示します。

　そして、これらの手段の実施を維持管理するのが「躾（しつけ）」であり、モチベーションを重視した「躾」を進めることにより「整理」「整頓」「清掃」「洗浄」「殺菌」が確実に実施されるようにします。その実施の結果として得られるのが目標となる微生物レベルでの「清潔」で、以上の推進によって「食品安全」が得られるのです。

　食品衛生7Sの各要素にはそれぞれの意味合いと進め方があるので、7つの要素について説明します。

1）整理
　「整理」とは、「作業するのに必要な物と不要な物に分け、不要と判断した物を処分すること」です。「必要な物」とは作業を行うときに使用

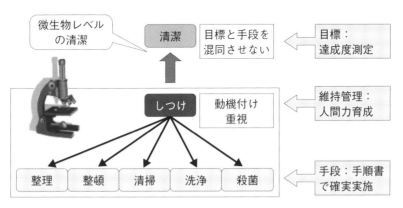

出典：米虫節夫編「やさしいシリーズ 食品衛生新5S入門」日本規格協会、p11、2004を一部改編

図1.1　食品衛生7Sの構成

する物であり、「不要な物」とは作業するときに使用しない物、役に立たない物、それがなくても問題なく作業を行うことができる物です。

工場の中には、以前は使っていたが今は使っていない物や、そのうち使うつもりで置いてあるが実際はまったく使わない物など、案外「不要な物」が放置されています。

また、不要なので処分してもよいが面倒なのでそのままになっているとか、高価な物なので廃棄するのがもったいないなど、適当な理由をつけて放置されている物もあります。しかしそれらはそこにあるだけで必要な物の置き場が狭くなり、必要な物がすぐに見つけ出せなくなっています。

さらに、不必要な物が置いてあるため清掃をしにくくしており、場合によっては虫やネズミの潜伏場所になっていることもあります。

時には、自部署だけでは必要か否かが判断できない物、他部署と調整が必要である物、決済権者の判断を仰がないと処分できない物などもあるので、「整理」は単に一個人、一部署だけで行えるとは限りません。そのため、「整理」は、全社をあげて取り組み、計画的に進める必要があります。

また、要・不要の仕分けを行う際に、直ちに要・不要を判断できない物もでてきます。その場合は、「保留品」として札を張り付けてその旨を明示し、特定の場所を決めて保管しておきます。貼り付ける札には保留品である旨を明記するとともに、①品名、②責任部署（責任者）、③保管期限を併記しておき、期限が来れば要否の判断を行います。判断の根拠は「決めた期間の間に使用したか否か」です。半年なり1年なりの期間を決め、その間に使用することがなければその物は「不要な物」と判断し、処分します。これで「整理」が着実に進んでいきます。

2) 整頓

「整頓」とは、「必要な物の置き場、置き方、置く数量を決め、識別すること」です。前項で示したとおり、「整理」して「不要な物」は処分

しますが、「必要な物」もそのまま置いておけばよいということではありません。「必要な物」はその物の置き場所を明確に決めておき、使用していないときは必ずその場所に決められた置き方で置いてある状態にしておかなければなりません。また、その数量も決めておきます。「整頓」を行うことにより、必要な物が、必要な時に、必要なだけ簡単に取り出すことができるようになるのです。

つまり「整頓」とは、ただ単にきれいに片付いている状態ではないのです。しかし決して堅苦しく難しいものでもありません。そこでは、決めた置き方しかできないようにし、管理担当者を決めて定期的に返却の確認を行うなど、おのずと必要な物が決められた置き方で、必要な数量だけ置かれるように工夫するのです。そのときは置き場所を明確にするために、置く物の表示を行うが原則です。また必要に応じて、置く物にも名前を表示しておきます。

写真1.1は引き出しの中の写真です。従前は上のように、何がいくつあるのか、不要な物があるのかないのかもわかりませんでした。そこでポリウレタンのシートを各文房具の形に切り抜いて、定数・定位置管理ができるように工夫したのが下の写真です。切り抜いたところに何を納めるのかがわかるように表示もしてあります。この改善により、必要な物を直ちに見つけて取り出すことができ、使用中か否かも一目でわかるようになりました。

作業者すべてが共通認識を持たなければ「食品衛生7S」は上手く推進できません。「整頓」については誰にでもわかるよう、可能な限り表示を行うようにします。

物を捨てるのがもったいないのではありません。「物を置く場所」と「物を探す時間」がもったいないのです。だから「整理」し、「整頓」するのです。

3) 清掃

「清掃」とは、乾燥した環境でゴミやほこりなどの異物を取り除き、

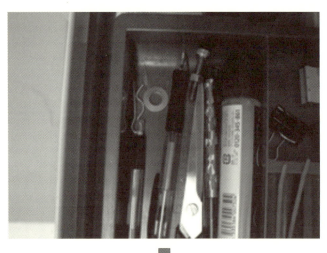

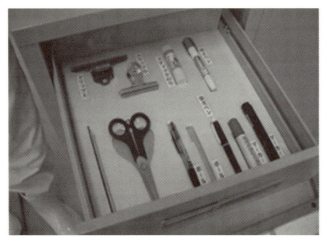

写真1.1　引き出しの中の整理

きれいに掃除をすることです。清掃する場所ごとに当該箇所ではどのような微生物汚染の危険性があるのかを考慮して、目的（何のために）、レベル（どの程度まで）、方法（どのように）を明確に示し、担当者に理解させておくことが必要です。

そして、担当者によるムラが生じないようにマニュアルを作成しておきます。マニュアルには、清掃で取り除く異物の形状・組成（粘性の有無、動植物性か否かなど）などに応じて使用する清掃用具や方法、清掃用具の交換頻度、清掃用具そのものの清掃方法などを決めておく必要があります。

また、清掃の状況を確認するため、マニュアルどおりに実施されているか、期待されている程度の清掃状態が得られているかを確認することが重要であり、具体的な確認方法も5W1Hに従ってマニュアルに記載しておきます。

4）洗浄

「洗浄」とは、水・湯・洗剤などを使って、設備（機械）・施設などの汚れを洗い清めることであり、湿潤状態で行う掃除といえます。

「洗浄」の目的は食品残渣などの汚れと、それに付着している微生物をきれいに取り除き、その後に行う「殺菌」の効果を増大させることにあります。特に食品工場で発生する残渣は微生物の栄養源であり、そこには多数の微生物が含まれています。微生物は肉眼では見えないレベルの大きさですから、これを取り除くためには「清掃」だけでは不十分で、「洗浄」を行う必要があるのです。

なお、「洗浄」を行わないで（目に見えない）残渣が残ったままの状態で「殺菌」を行っても十分な効果は得られません。よって、できるだけ残渣を残さないように「洗浄」することが重要となります。

前述したとおり、洗浄には水・湯・洗剤を使いますが、これらの使い分けが大切です。一般に水より湯の方が汚れはよく落ちます。また、洗剤を使うとさらに効果的ですが、洗剤は汚れに適した物を選ばなければなりません。一般に洗剤はpHの違いにより酸性洗剤、中性洗剤、アルカリ性洗剤に分けられ、有機汚れにはアルカリ洗剤、無機物汚れには酸性洗剤、軽度の油脂汚れには界面活性剤を主成分とした中性洗剤でのブラッシングが効果的です。

```
1. 床
1.1 洗浄手順
1.1.1 日常洗浄（頻度：毎日作業終了時）
 1）床のゴミを取り除く。
 2）モップで水拭きをした後、乾いたモップで乾拭きし、乾燥させる。
   但し、汚れがひどい場合は床にアルカリ洗剤をまいて、ブラシでこすり洗い、水で洗
   い流した後、乾いたモップで乾拭きをする。
1.1.2 定期洗浄手順（頻度：週1回）
 1）床のゴミを取り除く。
 2）床に水と中性洗剤をまき、ブラシでまんべんなくこすり洗いする。
 3）流水で洗い流す。
 4）水切りワイパーで水を切り、状況に応じて乾いたモップを使って、十分に乾燥させる。

1.2 ポイント
 1）タイルなど目地がある場合は食品残渣が残りやすいので、日常洗浄でもブラシを使用
   して汚れを取り除くこと。
 2）シンクの下、調理機の裏などは手が届きにくいので特に注意すること。
 3）「汚染区域」と「清潔区域」では用具を分けておくこと。

2.
```

図1.2　洗浄マニュアル（抜粋）

　さらに、洗剤メーカーは成分や配合比率を変えて種々の汚れに対応できるよう多くの種類の洗剤を開発しているので、汚れの種類や状態を見極めて適した洗剤を選ぶことが重要です。表1.1に汚れの種類と対応する洗剤を示します。

　「洗浄」のでき不できは、そのまま食品の品質及び安全性に影響するので、科学的根拠により洗浄の結果を評価しなければなりません。科学的検証方法として次の2つを紹介します。

①呈色法（ていしょくほう）：検査箇所に直接検出液を作用させ、デンプン、タンパク質、脂肪などの汚れ成分特有の着色を目視で確認します。デンプンの場合はヨウ素ヨウ化カリ水溶液、たんぱく質はニンヒ

表1.1　汚れの種類と対応する洗剤[4]

汚れの成分		内容	適用洗浄剤
有機物	炭水化物	糖質	中性洗剤、弱アルカリ洗浄剤
		でんぷん	未糊化：中性洗剤
			糊化：弱アルカリ洗浄剤、アルカリ洗浄剤
	脂肪（油脂）	植物油	軽度：中性洗剤、弱アルカリ洗浄剤
		乳脂肪	重度：アルカリ洗浄剤
		動物脂肪	
	タンパク質	乳タンパク	未変性：中性洗剤、弱アルカリ洗浄剤
		大豆タンパク	変性：アルカリ洗浄剤、塩素系アルカリ洗浄剤
		食肉タンパク	
無機物	カルシウム マグネシウム	リン塩酸 炭酸塩	酸洗浄剤（リン酸系、硝酸系、塩酸系、有機酸系）
	鉄	水酸化鉄	
		酸化鉄	

ドリン溶液、油脂はオイルレッドアルコール溶液などを用い、呈色反応を確認して残留の有無を判断します。

② ATP法：すべての生物の細胞内に存在するエネルギー分子ATPを測定することにより、洗浄の程度を測定するもので、手指や食品加工設備機器などの汚染物質をATP換算量として測定することにより清潔に維持されているかどうかを、現場で調べるができます。約30秒で結果を得られるので、その場で衛生状態が判断でき、ただちに改善が行えます。そのため清潔度検査としては最も支持されている検査方法で、食品衛生検査指針微生物編（2015）にも収載されています。

なお、マニュアルの重要性や作成要領は「清掃」と同様です。

5）殺菌

「殺菌」とは微生物を死滅・減少、または除去し、増殖させないようにすることです。「清掃」と「洗浄」によって汚れとともにある程度の微生物を除去した後、再び微生物汚染が起こらないように微生物を許容

基準以下にすることが「殺菌」の目的です。「殺菌」するには初めに「どの場所でどんな微生物汚染が起こるのか」を予測し、その場所に対して次の対策をとります。

① 許容水準の設定

許容水準は製品によって異なります。揚げ物などの後工程で加熱される製品は比較的緩く、非加熱製品は厳しい基準が必要です。

② 殺菌方法の決定

殺菌方法としては主に次の3つがあげられます。

②-1 熱殺菌（ボイルなど）

②-2 殺菌剤（アルコールなど）

②-3 乾燥

殺菌剤の種類を、表1.2にその特徴とともに示します。

道具・機器類に有機物が残っていると殺菌効果が低下するのはもちろんですが、作業終了後に道具・機器類を次亜塩素酸ナトリウムに漬け置きするときは、その容器も十分に洗浄しておくことを忘れてはいけません。

③ ルールの作成

ルールは5W1Hを基本に、①、②の内容を明文化したものです。誰にでもわかりやすく、活用しやすいものを作ります。

6）躾

「躾」とは、「整理・整頓・清掃・洗浄・殺菌」におけるルール（マニュアル、手順書、約束事など）を守るように習慣をつけさせることです。決めたとおりに必ず実施できるようになることが肝要であり、そのポイントは、担当者になぜそのルールを守らないといけないかの「理由」を理解させることです。

躾で最も重要なのは「リーダーの役割」です。リーダーは担当者を指導することも大切ですが、さらに質問や苦情などをよく聞いて、本人が自覚とやる気を持って活動できるようにサポートすることが重要です。

表1.2 食品製造現場で使用される殺菌剤[4]

分類	成分	特徴
アルコール系	・エタノール ・イソプロパノール	・殺菌作用が迅速 ・栄養型細菌に有効 ・真菌にはやや効果が低い ・細菌芽胞には無効 ・水に薄まると殺菌力低下
塩素系	・次亜塩素酸ナトリウム ・高度さらし粉 ・塩素系イソシアヌル酸 ・強(微)酸性次亜塩素水 ・二酸化塩素	・酸化分解により殺菌作用を示す ・漂白・脱臭作用がある ・栄養型細菌・真菌・ウイルスに有効 ・細菌芽胞には高濃度で有効 ・酸性〜中性域で殺菌効果が高くなる
ヨウ素系	・ポビドンヨード ・ヨードチンキ	・強力な殺菌効果 ・栄養型細菌・真菌・ウイルスに有効 ・でんぷんと反応して変色する
過酸化物系	・過酸化水素 ・過酢酸 ・オゾン	・酸化分解により殺菌作用を示す ・漂白・脱臭作用がある ・過酢酸は細菌芽胞にも有効だが、酢酸臭と金属腐食性が高い
陽イオン界面活性剤系	・ジデシルジメチルアンモニウムクロライド ・塩化ベンザルコニウム	・栄養型細菌や真菌に有効 ・細菌芽胞に無効 ・陰イオン界面活性剤や有機物、金属イオンの存在により効力低下
両性界面活性剤	・アルキルジ(アルノエチル) ・ジ(アルキルアミノエチル)グリシン	・栄養型細菌や真菌に有効 ・細菌芽胞に無効 ・陰イオン界面活性剤や有機物、金属イオンの存在により効果低下
ビグアナイド系	・ポリヘキサメチレンビグアナイド塩酸塩 ・グルコン酸クロルヘキシジン	・栄養型細菌に有効 ・真菌には効果が低い ・細菌芽胞に無効 ・陰イオン界面活性剤やリン酸塩の存在により効力低下
フェノール系	・トリクロサン ・イソプロピルメチルフェノール	・栄養型細菌に有効 ・細菌芽胞、ウイルスに無効

食品衛生7Sを推進する上でのリーダーの役割には次のものがあります。
　①設備環境を整備する（手洗い設備、必要数の粘着ローラーなど）。
　②リーダー自身がルールを十分に理解して遵守する。
　③繰り返し教育する。
　④従業員を観察する。
　⑤従業員がルールを遵守していれば褒める。
　⑥従業員がルールを守っていなければ叱って、その原因を取り除き、守れるようにする。

なお、従業員がルールを守らない原因とそのときのリーダーの対応は次のとおりです。
①　ルールを知らなかった
　　→　教育し、理解させ、実施できるように訓練して、遵守させ、実施状況を確認します。また、なぜルールを知らなかったのかを確認しておくことも必要です。ルールをきちんと教えていなかったのかも知れないからであり、その場合はきちんと教えることができるよう、教える側が教え方のルールを見直す必要があります。
②　ルールを知っていた
　②-1　ルールが守りにくい
　　→　たとえ実施しにくいルールであっても守らなくてよいというものではありません。守れないルールがあるなら、その旨を上司へ報告しなければなりません。そこで、守っていなかったことに対しては、まずは叱らなければなりません。そのうえでルールを見直し、必要に応じて改正します。ルールに抜けや漏れがある場合もあるので、ルールを定期的に見直すことも必要です。
　②-2　本人はルールどおりやっているつもりであった
　　→　この時も再教育し、どこがどのように間違っているのかを指

導し、正しく理解させます。なお、ルールがわかりにくい場合もあるので、その場合はルールを見直し、必要に応じて改正します。また、ルールは解釈に違いが生じないよう、できるだけ明文化しておきます。

②-3 守らなくてもよいと思っていた
→ 厳しく叱り、ルール順守の重要性を理解させます。場合によってはルールが形骸化しており、意味をなさない場合もあるので、この場合も原因の追求は必須です。

なお、前述したとおり、ルールを遵守している者は褒めてやることも大切です。

7）清潔

「清潔」とは、製造環境において「整理」「整頓」「清掃」「洗浄」「殺菌」が「躾」によって維持され、かつ発展している状態です。

また、「清潔」のレベルは、見た目での清潔さではなく、顕微鏡で見ても基準以上の微生物がいないレベルの清潔さです。なお、「製造環境」に存在するのは「人」と「物」で、そのどちらも「清潔」が追求されます。

「人」においては、服装、手指、体調、行動などの管理が必要になります。服装は常に清潔で汚れていないものを着用し、手指は決められた頻度で正しい方法で手洗いを行い、触れてよいものとそうでないものを明確に区別し、遵守します。体調については、作業場に入る前に体温を測定し、吐き気、下痢など、体調に異状がないことを確認します。行動については、設備や製品を汚染させることのないよう決められたルールに従って行動し、誤解を招く不審な行動は慎み、許可なく持ち場を離れてはいけません。

「物」においては、原材料、資材、製品に対する温度、湿度、時間などの保管条件や搬送条件を順守し、それらが汚染されないよう、取り扱いには十分留意します。

設備・施設も決められた洗浄・殺菌によって清潔さを維持します。
清潔さの評価判定には、次の2つがあります。
　①　汚れの程度を測定する方法
　②　微生物の数（または有無）を測定する方法
前者の代表的な検査方法が「洗浄」の項で紹介したATP検査で、微生物汚染を含む食物残渣などの汚れ（清潔度）を測定し、洗浄効果を検証するのに用います。
後者の検査方法は拭取り検査やスタンプ検査で、採取した微生物の数を測定し、殺菌効果を検証する方法です。

「整理」「整頓」「清掃」が行われ、少なくとも目に見えるレベルでの「清潔」さが得られると、仕事に集中できるようになります。余計な物がなくなり、ルールに従った正しい作業がやりやすくなるからです。
職場がきれいになると、ゴミが落ちていると目につき、気になって自ら拾うようになります。汚れが広がらないように工夫し、職場環境をさらに改善するようになります。
「洗浄」「殺菌」も徹底されるようになると、目に見えないレベルの「清潔」さまで気になります。食品衛生7S活動が定着すると「自分たちの職場は自分たちの手で改善しよう」という気運が生まれ、職場への愛着が増し、仕事のやりがいや充実感を感じるようになります。
また、食品衛生7Sは全社活動であり、全社一丸となって推進するものですから、会社全体の風土が変わり、企業の体質の改善にも寄与します。

1.3 清潔と衛生的、異物としての微生物

　内閣府食品安全委員会が平成25年8月に470名の食品安全モニターを対象に実施した食品の安全性に関する意識等について調査した結果が「食品安全モニター課題報告」[3]として報告されていますが、その中に「食品安全に対する不安の程度について」という項目があるので図1.3に紹介します。

　この図からわかるように、「食品安全」に対して「⑤まったく不安を感じない」と「④あまり不安を感じない」との回答は両方を合わせても全体の16.5%に過ぎず、逆に「①とても不安を感じる」または「②ある程度不安を感じる」との回答は71.0%にも達しているのです。食品の安全性がいかに信頼されていないかを如実に語っているといえます。ちなみにこの「食品安全に不安を感じている」71.0%という数字は、「自然災害」の86.7%よりは低いのですが、「交通事故（62.3%）」や「犯罪（61.6%）」に対する不安より高い値です。

　食品企業はこの数字をもっと低くするためにも一層安全な食品を提供

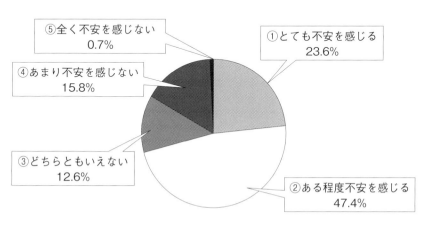

出典：食品安全モニター課題報告[3]

図1.3　食品安全に対する不安の程度

できるよう努力しなければなりません。

　食品の安全性に係る危害要因は、大きく次の3つに分類できます。
　　① 食中毒（微生物汚染）
　　② 異物（金属・ガラス等）混入
　　③ 農薬・食品添加物・放射能物質への不安

現在では、③による健康被害はほとんどなく、特に注力しなければならないのは、①食中毒（微生物汚染）と②異物（金属・ガラス等）混入ですが、そのための「食品安全の仕組み」が強く求められており、それらの基礎となるのが「食品衛生7S」です。

　1.1で示したとおり、「食品衛生7S」の目的は「清潔」な職場環境をつくることによって、食品安全を達成することであり、その「清潔」は見た目のきれいさを求めているのではなく、「衛生的であること」が求められており、微生物レベルの「清潔」でなければなりません。

　食品衛生7S活動は「整理」→「整頓」→「清掃」→「洗浄」→「殺菌」→「清潔」の順に進めるのが基本です。即ち、「整理」することによって、必要な物と不要な物が識別され、職場には必要な物のみが置かれる状態となります。不要な物は処分されるわけですから、異物混入の可能性も少なくなります。

　また「整理」は次の「整頓」とともに後工程で行う「清掃」「洗浄」「殺菌」を行うための前提条件であり、これらが容易に行えるような空間の確保もできるのです。「整頓」することによって必要なものが直ちに取り出せるようになり、「清掃」「洗浄」「殺菌」の作業も効率が向上します。

　「清掃」は主に乾式で行う掃除で、まずはゴミやほこりなどの汚れを取り除き、目に見えるレベルのきれいさを求め、それらに付着している微生物も取り除きます。

　次の「洗浄」は湿潤状態での掃除であり、水・湯、洗剤などを用いて、設備（機械）・施設などの汚れを洗い清めます。ここで取り除く残

渣には多数の微生物が含まれており、これを取り除くには先に大きなゴミなどを取り除く「清掃」を行って、その後に掃除だけでは取り除けない食品残渣などを取り除く「洗浄」を行うのが効果的です。また、「洗浄」を行うことにより、その後の「殺菌」の効果を増大させます。

「清掃」、「洗浄」によってある程度の微生物を除去した後、再び微生物汚染が起こらないように微生物を許容基準以下にするのが「殺菌」です。これらの一連の工程によって、微生物レベルの「清潔」が確保されるわけです。

なお、「殺菌」によって食中毒菌のほかに腐敗菌も減少するので、商品（食品）の日持ちが向上し、食品安全とともに品質の向上も図ることができます[4]。

 ## 食品衛生7Sの定義

　食品衛生7Sは、食品安全ネットワークが提唱している衛生管理と安全管理に役立つ5S活動の一つです。食品安全ネットワークでは、「食品衛生7S」を次のように定義しています。

　食品衛生7Sは、食品安全の仕組み構築を目的とし、それを通して工程の効率化、人材育成などを行う活動である

　ここで、安全とは、微生物レベルの清潔さとともに、すべてのハザードを適切なレベルに管理すること。

　さらに、食品衛生7Sの要素である7つのSについては、次表のように定義しています。

表　食品衛生7Sの定義

	定義
整理	要るものと要らないものとを区別し、要らないものを処分すること。
整頓	要るものの置く場所、置き方、置く量を決めて、識別すること。

清掃	必要なものについたゴミや埃などの異物を取り除き、きれいに掃除すること。
洗浄	水・湯、洗剤などを用いて、機械・設備などの汚れを洗い清めること。
殺菌	微生物を死滅・減少・除去したり、増殖させないようにすること。
躾	整理・整頓・清掃・洗浄・殺菌におけるマニュアルや手順書、約束事、ルールを守ること。
清潔	「整理・整頓・清掃・洗浄・殺菌」が「躾」で維持し、発展している製造環境。

　食品安全ネットワークでは、食品衛生7Sを行うに当たり、この7つのSとともに、ドライ化と有害微生物管理（PC）の重要性を強調しています。どちらもSではじまらない語句ですが、食品の衛生管理と安全管理において無視できない活動です。以下は、その定義です。

・ドライ化：床面、壁面、機械装置表面などに水を垂れ流しにしたり、付着させておかないこと
・有害生物管理（PC）：ネズミ・昆虫などの有害生物を適正レベル以下に管理すること

　これら7S＋ドライ化＋PCは、異物混入防止対策として十分に機能しますし、躾により故意による異物混入も防ぐことができるようになります。いいかえると、食品衛生7S活動こそが、異物混入防止対策の要（かなめ）といえるでしょう。

1.4 躾の重要性

　食品衛生7Sの7要素の中でも、「躾」が最も重要であるといわれています。これは、1.1で示したとおり、「整理」「整頓」「清掃」「洗浄」「殺菌」の5Sを実施して、結果として「清潔」を得るのが「食品衛生7S」ですが、これらの5Sを推進するには「躾」が必須だからです。「躾」によってルール（マニュアル、手順書、約束事など）を守らせて、決めたとおりに実施できるように習慣づけるのです。

　日本人には職人気質があり、何事にも細部にまでこだわってとことん極めようとする面があります。外国人の目から見た一般的な日本人の性格の特徴は次のとおりです[5]。

① 礼儀正しくきちんと挨拶する
② 秩序にこだわる。時間や約束を守る
③ 美意識が高く、きれい好きである
④ 仕事が丁寧で細部までこだわる
⑤ 自己主張や自己表現が下手である
⑥ 集団行動を好む
⑦ 創造性に溢れている
⑧ 「もったいない」という倹約意識がある

　しかし、日本人全員の性格がよく、悪いことはまったくしないというわけではありません。会社の中にはいろいろな考えを持った様々な人がおり、仕事をする中で会社に対して不平や不満を抱く者も現れるかもしれません。そのような者が会社に対して悪意を持って異物を混入するなどの攻撃をしかねないのです。そのための対策は、①会社を攻撃しようとする動機への対策、②攻撃をしにくい仕組みを作る、の2つです。

　①会社を攻撃しようとする動機は、企業文化そのものが大きな原因の一つです[6]。考え方や行動のパターンは会社の風土によって築き上げられるので、そこにはトップの姿勢、企業の体質が根本原因としてありま

す。よってトップは自ら範を示すとともに、怠ることなく「躾」を継続実施しなければなりません。

　フードディフェンスで最も重要なことは「決められたことを確実に守らせること」です。本来ルールは不適合・不都合が発生しないよう最適な方法を取り決めたもので、決められた手順を順守している限りあらゆる危害は防止できるのです。そして、そこには①-1危険の可能性、①-2その予防手段、①-3その点検方法、①-4発生したときの対処方法を盛り込むのです[7]。

　もちろん決められたルールも完璧ではなく、漏れや不備があるかもしれませんが、それが発覚した時点で改正が図られ、常に最善のやり方を求めて、改訂され続けなければなりません。これを怠り、ルールどおり実施している従業員にルールと異なるやり方を求め、ルールと実態とに差が生じると、従業員は何に従って作業を行えばよいのかわからなくなり、不安や不満が生じ、会社を攻撃する原因となります。

　トップの真剣で真摯な姿勢を示すことと、適切なルール作りとその改訂、これらに基づく「躾」が会社を攻撃しようとする動機への対策となります。

　②会社を攻撃しにくい仕組みを作るには、従業員が直接製品に接触する機会をできるだけ少なくすることが有効です。しかし、金銭的、物理的に不可能な場合も多くあります。従って直接製造を担当している従業員から意図的な混入を防ぐために、作業場への立ち入り制限を行ない、至る所に監視カメラを設置するなど、物理的な対策を施すわけですが、そのような意図を持つ者はあらゆる手段を考えて行動するので、所謂いたちごっこになりかねず、監視カメラの効果も全面的には期待できません。従って、意図的な混入を防ぐには従業員にそのような意図を持たせないことが何より大切になります。従業員と会社との間に信頼関係を構築し、会社に対する不満を抱かせないようにするとともに、食品安全について十分に教育し、理解させることが重要です。そこで、食品衛生7S活動による仕組みを構築して攻撃させないようにするのです。

「整理」「整頓」「清掃」「洗浄」「殺菌」は手段であり、その実施方法をルールで示し、これを維持するのが「躾」です。「躾」はモチベーションを重視して進め、その結果として得られるのが目標となる微生物レベルでの「清潔」です。

　食品衛生7Sを推進する、その要となっているのが「躾」であり、「躾」にはそれぞれの会社や職場にルールのあることが前提にあります。ルールがなければ「躾」はできません。

　また、ルールはそのものの管理が重要です。ルールを体系づけ、必要な頻度で見直しを行い、適宜改訂を行って、トップの方針を反映させるとともに、実体との差異が生じないよう、陳腐化しないよう管理しなければなりません。さらに、食品衛生7S活動は小集団活動として推進されることもよくあります。小集団を形成して改善活動を進める中で仲間意識が芽生え、相互啓発を図り、自己実現を目指すのです。

　管理されたルールに基づいて働くことによってやりがいを体感させ、適切な「躾」を行って「食品衛生7S」を推進することができれば、おのずと従業員にも活気がみなぎってきます。「食品衛生7S」活動は全員が参加して改善活動を行い、従業員に誇りと自信を持たせる活動で、人間性を尊重し、生きがいのある明るい職場をつくり、従業員満足を与えるとともに企業の体質改善・発展に寄与することができるのです。

（引用文献）
1）内閣府食品安全委員会　平成15年度食品安全確保総合調査「堺市学童集団下痢症事件調査分」平成16年3月　株式会社ぎょうせい
2）農林水産省「酪肉近代化基本方針等に係る地方意見交換会主要質疑応答集」2015年2月9日
3）内閣府　食品安全委員会　食品安全モニター課題報告「食品の安全性に関する意識等について」（平成26年8月実施）
4）食品安全ネットワーク「食品衛生7S入門」、p.57、59　2011　日本技能教育開発センター
5）角野久史著「フードディフェンス－従業員満足による食品事件予防－」、p.50、2014　株式会社日科技連出版社
6）角野久史・米虫節夫編「食品衛生7S実践事例集7」、p.38、2015　株式会社鶏卵肉情報センター

7）倉滝英人「異物混入事例における小規模食品製造業者に対する指導方法についての一考察」、食品衛生研究、Vol.65、No.3、 p.67（2015）

食品衛生7Sのレベル構造

　食品衛生7Sは、微生物レベルの清潔を目的としています。しかし、7S活動を行うに当たり、初めから「微生物レベルの清潔」を表に出した活動を行えば、きっと失敗するでしょう。7S活動には段階・レベルがあるのです。最初は、肉眼で見たレベルの清潔です。異物の原因となるゴミなどをまず、無くすことが肝要です。見た目に汚い所が微生物学的に清潔であることは無いでしょう。

　そこで、まずは、5Sレベルの活動である整理・整頓・清掃をきちんとすることが重要です。そのような活動ができてはじめて、効果的な洗浄・殺菌ができるようになります。整理・整頓・清掃は、洗浄・殺菌を行うための前提条件です。それらを支えるのが躾ですが、躾は人を対象とするので、大変難しいです。その難しさを克服して活動がうまく進むようになれば、7S活動の目的である「微生物レベルの清潔」は、自ずと達成されることでしょう。まずは、5Sレベルの第1歩から食品衛生7Sを始めてください。

食品衛生7Sのレベル構造

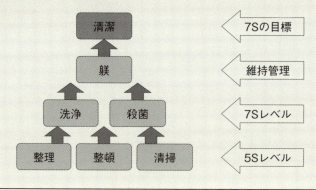

第 2 章
異物混入とフードテロ事件の実態

2.1 異物混入の歴史と現状

2.1.1 異物混入に対する世の中の意識の移り変わり

1990年代中ごろまでは、異物混入クレームは、菓子折を持って謝罪に訪問することで解決する程度の認識でした。しかし、今日では、健康に影響を及ぼさないような異物混入や明らかに他の商品に影響がなく単発クレームで終わりそうな異物混入であったとしても、製品を回収している事例が多く見られます。

何がこんなに今と昔で変わってしまったのでしょうか。変わったことの最も大きなものが、「消費者の意識」です。

昔は誠意をもって謝罪すれば問題なかった消費者対応も、今では混入していた異物の分析、混入原因の特定、再発防止策の提示まで明確にしなければ納得していただけない状況になってきました。それに加え、異物の分析も自社ではなく第三者に依頼しなければ信用してもらえないというケースが増えています。これは、食品および食品業界への不信感・不安感の表れです。

では、何が消費者に不信感を抱かせ、不安にさせているのでしょうか？ その原因のひとつが、食品の事故や事件です。

1990年代から今に至るまで様々な食中毒事故や食品偽装事件、意図的な食品への攻撃などが起こっています（表2.1）。そのたびに、マスコミが大きく取り上げ、世間の注目を引きます。さらに、そこでの対応が悪ければ、「対応が悪い」、「企業の姿勢はどうなっているのか？」とマスコミでたたかれてしまいます。

マスコミの報道の過熱ぶりにも問題があるのですが、食品企業や経営者の対応にも問題があり、消費者の考えからすると納得がいかない説明や対応が目につきます。これらは、その企業だけではなく、食品自体、食品業界全体への不信感を増長させています。これらの食品への不信感・不安感は、国内だけでなく、国外での食の事件・事故も少なからず

表2.1 主な食品に関する事故・事件・偽装などの出来事

年代	名称	死者数	発症者数
1925年	岐阜県高山集団食中毒	9名	400名以上
1933年	粕取り焼酎メタノール混入	30名	多数
1936年	浜松一中大福餅事件（ネズミ由来のサルモネラ菌食中毒）	44名	2,244名
1942年	浜名湖アサリ貝毒事件	144名	334名
1948年	食糧配給大豆粉　黄色ブドウ球菌食中毒	2名	約800名
1950年	大阪府南部白子干し　腸炎ビブリオ食中毒	20名	272名
1955年	森永ヒ素ミルク事件（安定剤由来のヒ素の混入）	130名以上	13,000名
	雪印八雲工場脱脂粉乳食中毒事件（溶血性ブドウ球菌）	—	1,936名
1968年	岩手県・宮城県薩摩揚げ　サルモネラ菌食中毒	4名	608名
	カネミ油症事件（配管不良によるPCBなどの混入）	—	多数
1982年	札幌市　西友清田店　集団食中毒 （水由来のカンピロバクター・ジェジュニ、病原大腸菌）	—	7,751名
1984年	辛子蓮根ボツリヌス菌食中毒	11名	多数
1995年	EUによる水産加工施設等の査察	—	—
	製造物責任法（PL法）　施行	—	—
	総合衛生管理製造過程（丸総）　承認制度開始	—	—
1996年	O157食中毒事件（堺市）	3名	7,996名
2000年	雪印集団食中毒事件（黄色ブドウ球菌）	—	14,780名
2001年	BSE問題	—	—
	ハンナン牛肉偽装事件	—	—
2002年	日本ハム牛肉偽装事件	—	—
	雪印牛肉偽装事件	—	—
2003年	飛騨牛偽装事件	—	—
2004年	鳥インフルエンザ事件（京都府丹波町）	—	—
2005年	ISO22000　認証開始	—	—
2007年	不二家使用期限切れ原料使用事件	—	—
	ミートホープ食肉偽装事件	—	—
	白い恋人賞味期限改ざん事件	—	—
	比内地鶏偽装事件	—	—
	赤福餅表示偽装	—	—
	御福餅偽装表示	—	—
	船場吉兆産地偽装	—	—
	中国製冷凍餃子事件	—	10名
2008年	こんにゃくゼリー事故	1名	—
2009年	事故米不正転売事件	—	—
2011年	福島第一原子力発電所炉心溶融・水素爆発事故による放射能問題	—	—
	ユッケによるO111集団食中毒事件	5名	24名
2012年	白菜の浅漬けによるO157集団食中毒事件	8名	169名
2013年	ホテル食材偽装問題	—	—
	中国産薬漬け・病気　鶏肉問題	—	—
	アクリフーズ農薬混入事件	—	約1,400名

※過去のニュース記事などを参考

表2.2 日本で注目された海外での主な食品に関する事故・事件・偽装などの出来事

年代	名称	死者数	発症者数
1993年	ジャック・イン・ザ・ボックスの大腸菌集団感染（ハンバーガー）：アメリカ	4名	732名
1997年	米国、自国に輸入する水産食品にHACCP管理を要求	―	―
2000年	BSE問題：イギリス	―	―
2004年	偽粉ミルク（偽の粉ミルクによる幼児の栄養失調）：中国	50～60名	100～200名
2007年	ペットフード大量リコール事件：中国	―	―
	中国製冷凍餃子事件	―	―
	ダンボール肉まん：中国	―	―
2005年	ISO22000認証　開始	―	―
2008年	メラミン入り粉ミルク：中国	―	14名
2011年	欧州における腸管出血性大腸菌感染事件：ヨーロッパ	43名	3,792名
2013年	中国産薬漬け＆病気鶏肉問題	―	―
2014年	地溝油（下水溝の廃油や残飯から作る食用油）	―	―

※過去のニュース記事などを参考

影響を与えています（表2.2）。特に、輸入量が多いこととマスコミの報道により中国での事件・事故は日本国内でも反響を呼びます。中国に関する報道はたとえそれが食品ではなかったとしても、中国製の製品全体への不信感・不安感を呼び、食品自体や食品産業へも影響を及ぼします。このようなこれまでの歴史が、食品や食品業界への不信感・不安感を増大させているのです。

　食品事故・事件は、自社だけがきちんとしていれば大丈夫というわけでなく、国内外、自社他社を問わず問題が起きれば食品業界全体に影響するのです。

　これらの不信感や不安感は、クレームで検査機関に届けられる異物のサイズにも表れています。1990年代以前では、明らかに目に付く大きな異物が大半を占めていました。ゴキブリ、ネジ、ボールペンのキャップなどです。しかし、最近では、1mmにも満たないものが非常に多くなっています。正直、こんな小さなものをよく発見できたなと感心してしまうほど小さいものが異物として増えています。

これは、食品を食べるときに、非常に注意深く食品を見て食べているということです。食品に対しての不信感や不安感があるため、自分が飲食するとき、お子さんに飲食させるときに注意して食品をチェックしているのでしょう。

消費者が食品から異物を見つけると、「本当にこの異物は問題ないものなのだろうか？」という気持ちになります。その不安な気持ちが、メーカーに電話をして、問題がないのかどうかを確認しようという行動につながるのです。その時、メーカー側の消費者への対応に不備があると「この会社は信用できないぞ!!」、「この会社は大事なことを私に隠しているのではないだろうか？」と、どんどん不安な気持ちが大きくなっていってしまいます。

次に示しているのは、某検査機関に送られてきたクレームになった異物検体数の推移を表したグラフです（図2.1）。

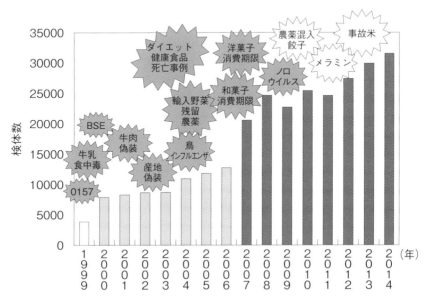

図2.1　異物検査数推移

これを見てもわかるように、特に世間から注目を浴びた事件・事故がある年に大きく検体数が伸びています。このグラフは、異物検体数なので必ずしもクレーム数と一致するわけではありませんが、傾向としては消費者の不信感・不安感がクレーム増加につながっているといえるでしょう。

　このように現在の異物混入への消費者の強い反応は、食品業界が積み重ねてきたことへの不信感・不安感の表れなのです。

2.1.2　異物混入は本当に増えているのか？

　では、本当に異物混入が増えてきているのでしょうか？

　食品事故や食品偽装がクレーム数を増加させているのであれば、それは水面下にあった異物混入が表面化しているだけということかもしれません。実際の異物混入は今までも多く起こっていたのだが、異物が小さすぎて消費者が気づいていなかったり、気づいても異物をよけて食べていたりして、クレームになっていなかっただけかもしれません。

　つまり、事故や事件を契機に異物に気づいたり、クレームとして申し出されたりする割合が上がっているだけなのではないかということです。そうなると、1990年ごろから異物混入自体の数は変わっていないのかもしれません。某検査機関での推移は図2.2となります。この結果から見て、もしかしたら各企業の努力によって異物混入は減っているにもかかわらず、クレームが増えているという可能性すらあるのではないでしょうか？

　そうすると今、食品企業が取り組むべき異物対策は、クレーム自体の対応に振り回されているだけでは駄目なのではないでしょうか。異物対策を進める、異物クレームを少なくするためには、やはり根本的に工場の製造現場をもっともっと改善し、混入の総数を減少させていく必要があると考えられます。

　実際に昨年から今年にかけての異物混入事故を見てみると、結局、それほど変わったものが混入しているわけではないことがわかります。

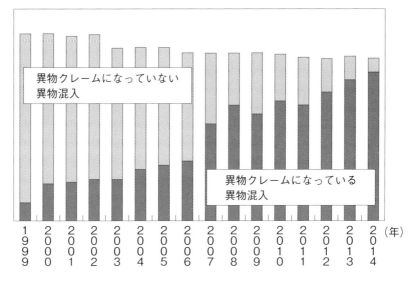

図2.2　異物混入とクレームとの関係イメージ

・2014年　食品メーカー　カップ焼きそば：ゴキブリ
　　　　　ハンバーガーチェーン　ハンバーガー：毛髪
・2015年　ハンバーガーチェーン　チキンナゲット：ビニール片、金属片
　　　　　マフィン：長さ約4cm、幅約1cmの平たい焦げ茶色のモノ
　　　　　フライドポテト：ビニール片
　　　　　てりやきマック：ネジ
　　　　　など

　某検査機関での2007年と2014年に検査依頼のあった異物を比べてみても、多少、比率は変わりますが、混入している異物に特別の大きな変化があったわけではないことがわかります（図2.3）。これらの異物混入の事例を見ていると、その多くは製造現場近くにある物ばかりです。異物混入防止対策として重要なのは、製造現場で「異物混入が起こらない状況を作り出す」ということなのではないでしょうか。

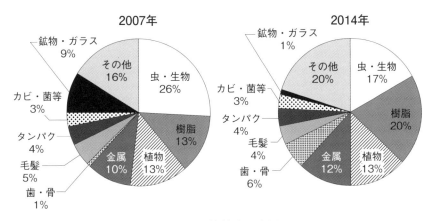

図2.3　異物検査の内訳

2.1.3　異物混入防止対策の基本の軽視

　異物混入防止対策として、クレーム処理をしたり、原因究明をしたりすることは非常に重要なことで、それが消費者の不信感・不安感を軽減させることでしょう。しかし、それだけでは起こってしまった異物混入に対処しているだけにすぎません。いつまたどこかの企業の事故や事件、マスコミの取り上げ方で、水面下に眠っている異物混入が表面化し、大きな問題になるかもしれません。

　異物混入として取り上げられるものは、金属片、プラスチック片、ビニール片、糸くず、化学薬品、虫、ネズミの毛、毛髪、文具など多岐にわたります。それらが混入しないために対策として実施すべきことは、大きくは一般異物混入防止対策、有害生物管理、毛髪混入防止対策などに分けられます[2]。これらの対策を別々の活動として実施していくと非常に複雑で混乱してしまいます。

　しかし、これらの対策には、ひとつ共通点があります。それは、製造現場で「異物混入が起こらない状況をつくり出す」ということです。この状況をつくり出すことができれば、大半の異物混入の問題は解決するでしょう。では、「異物混入が起こらない状況をつくり出す」とはどう

いうことなのでしょう。それは、現場の食品衛生7Sがしっかりとできているということです。7Sができていないと、以下のような状況になってしまいます。

　・現場に不要物があふれる
　・モノがなくなってもわからない状況になる
　・製造機械などに食品残渣が残る
　・排水溝などで昆虫類が発生する

　上のような状況では、どのような活動を行っても根本的な解決にはならないでしょう。食品衛生7Sを実施することで、現場の物は減り、物がなくなっても気づける状況になり、汚れや残渣もなくなり、昆虫類が発生することもなくなります。7Sを実施することが、現場の改善を推進し、異物混入をなくすスタートになるのです。このことは、第4章でさらに詳しく解説します。

(参考文献)
1）　尾野一雄 食品機械装置 Vol 51 4. 2014 P58〜68
2）　イカリ消毒 食品衛生の基本が身につく本 JIPMソリューション（2012年）

2.2 フードテロの歴史と現状

2.2.1 テロリズム

　昨今、食品業界では、意図的なまたは悪意のある異物混入事件が多発し、大きな社会的問題に発展しています。ここでは、その歴史を振り返るとともに、事件の真相を考えてみます。また、しばしば"フードテロ"という言葉が叫ばれていますが、言葉の定義を整理したいと思います。

　まず、テロとは英語の「テロリズム」(Terrorism)[1]を略した和製英語です。政治的な目的を達成するために暴力及び暴力による脅迫を用いることを指します。通常、達成しようとする目的を同じくする集団・組織が主体となって行われます。経済的な利益や宗教的信念が目的に絡んでくることも少なくありません。

　個人による営利目的の犯罪や、国家が合法的な手続きに則って行う行動等は、通常「テロ」とは呼びません。しかし国家機関が秘密裏にテロ行為を行ったり、テロ組織を支援するケースは存在します。

　テロリズムは語源（Terror：恐怖）の通り、暴力による恐怖を政治的な目的のために利用するため、大衆の間に恐怖感を植え付けることが最初の目的となります。爆発物の使用、要人の誘拐・暗殺、交通機関などインフラへの打撃、無差別殺傷などが典型的な手段です。核・生物・化学・放射線など大量破壊兵器の使用や、シンボリックな建物への攻撃は社会にパニックを惹起する上で効果的であり、地下鉄サリン事件や9.11同時テロ等のように前例があります。

　テロを実行する側は、攻撃の場所とタイミングについてのイニシアティブを持っており、しばしば国家レベルの支援を受けている等、様々な優位点を持っています。そのようなテロ行為及びテロ組織・テロリストには通常の治安犯罪に当たる警察力・国家間戦争を前提とした正規軍でも対抗しきれない部分があります。そのため第二次世界大戦後、各国は対テロ任務を遂行するための専任の部隊や体制、装備、戦術等を培っ

てきました。その過程でしばしば国家機関の側が暗殺等テロリスト側と同様の手法をとったケースもあります。

2.2.2 フードテロ

さて、フードテロとは、語義的には食品（food：フード）を用いたテロのことであり、食品に異物（毒物）等を混入し、特定の政治的な目的を達成するために、無差別殺傷等を引き起こし、大衆の間に恐怖感を植え付けることを指します。また特定の個人が主犯となる場合はその背景にはマインドマスターが存在します。

PAS96「食品・飲料の防除－食品・飲料及びそのサプライチェーンへの攻撃の検出及び抑止のためのガイドライン」では、その前文で「食品および飲料部門の人々及び企業は、今や別の脅威、即ち悪意ある攻撃、特にイデオロギー的に動機づけられた個人とグループ（テロ攻撃者及びテロ攻撃集団）による脅威に直面しています」と述べています。この規格の考えている「フードテロ」は、イデオロギーに動機づけられたかなり意識的なものを考えているといえるでしょう。

現在、起こっている意図的なまたは悪意ある異物混入事件のすべてが、前述のフードテロの要件に値するかは別として（筆者は、そのほとんどが「フードテロ」に値しないと考えている）、そもそも悪意をもって意図的に食品に異物（毒物）等を混入することは、場合によっては人の命に係わる大問題で、許されざる行為であることは間違いありません。

それを踏まえ、過去に起こった食品に関する悪意をもった意図的な異物混入事件について幾つか事例を紹介し、下記①～③について考えてみたいと思います。

　　① 誰が直接の被害者であるか
　　② 攻撃理由は何であるか
　　③ 考えられる防御策

2.3 意図的な異物混入事件の検討
―― 他人事ではなく身近な所で起こっている ――

2.3.1 名張毒ぶどう酒事件（日本）[2]

　1961年、三重県名張市で起きた毒物混入事件で5人が死亡しました。地区の農村生活改善クラブの総会が行われ、男性12人と女性20人が出席しました。この席で男性には清酒、女性にはぶどう酒（ワイン）が出されましたが、ぶどう酒を飲んだ女性17人が急性中毒の症状を訴えました。警察は、清酒を出された男性とぶどう酒を飲まなかった女性3人に中毒症状が無かったことから、女性が飲んだぶどう酒に原因があるとして調査した結果、ぶどう酒に農薬が混入されていることが判明しました。

　その後、重要参考人の男性3人を聴取し、3人のうち、1人の男性の妻と愛人がともに被害者であったことから、捜査当局は、「三角関係を一気に解消しようとした」ことが犯行の動機とみて、この男性を追及、男性は農薬混入を自白したとして逮捕されました。しかし、その後男性は証言を撤回し無罪を主張しています。

① 誰が直接の被害者であるか
　犯人とされる人物の妻と愛人を含めた地域の女性
② 攻撃理由は何であるか
　三角関係の解消？
③ 考えられる防御策
　おそらく、ぶどう酒（ワイン）の保管中に毒物を混入したと思われることから、保管中に見張りをつける等が考えられますが、そもそも見張り役が犯人の場合や、前提が地域のボランティア活動であるので、実際に防御することは難しいと思われます。

※事件の真相は定かではないので現在の判明している情報の中での推測になります。

2.3.2　鎮痛剤青酸カリ混入事件（アメリカ）[3]

　1982年、薬局で市販されていたジョンソン・エンド・ジョンソンの鎮痛剤「エクストラ・ストレングス・タイレノール」のカプセルに、何者かが致死量の青酸カリを混入し、シカゴに住む7名が死亡しました。毒物が混入された錠剤の製品ロットがどれもバラバラで、犠牲者がシカゴ周辺に集中しているということから、製造過程に問題があったのではなく、犯人がタイレノールのボトルに異物を混入して、店の棚に置いた可能性が高いことが判明しました。

　当時、タイレノールはジョンソン・エンド・ジョンソンの大人気商品であり、市場シェアの35%を占める、全米No.1の売上を誇る鎮痛剤でした。それだけに、この事件は同社にとって衝撃が大きかったと想定されます。

① 誰が直接の被害者であるか
　シカゴ周辺で鎮痛剤を購入した市民
② 攻撃理由は何であるか
　ジョンソン・エンド・ジョンソン社の業績好調への妬み？
③ 考えられる防御策
　販売店の見張りの強化や持込み物の検査、またレジを通す時の自社仕入れ品かのチェック等が考えられます。

2.3.3　ラジニーシ（宗教家）によるサルモネラ混入事件（アメリカ）[4]

　1984年、オレゴン州ワスコ郡ダレスで、サルモネラによる食中毒が発生し、751人の患者を出す惨事となりました。食中毒の原因は、複数のレストランのサラダバー（サルサバー）に置かれていた野菜であるとの調査結果が出ました。

　しかし、翌年、バグワン・シュリ・ラジニーシが主催する新興宗教団体のコミュニティが捜索を受けた際に、食中毒を発生させたサルモネラと一致する証拠物が押収されたことから、無差別で市民を標的としたバイオテロであったことが判明しました。ただし、事件から時間が経過し

ており、実行者や目的（コミューン住民が多数居住する地域での選挙を有利にしようとした説があった）を特定することはできず、数年後、ラジニーシ本人も死去したこと、コミュニティも解体されていることから事実上の幕引きが行われています。この事件は「フードテロ」に該当する唯一の例といわれています。

① 誰が直接の被害者であるか
　オレゴン州周辺のレストランでサラダバーを利用する市民
② 攻撃理由は何であるか
　コミューン住民が多数居住する地域での選挙を有利にしようとしたという説があったが確信が無く不明
③ 考えられる防御策
　飲食店の見張りの強化や持込み物の検査等があげられますが、客を装った意図的な犯行に対して実際に防御は困難であると思われます。

2.3.4　パラコート連続毒殺事件（日本）[5]

1985年、日本各地で発生した無差別毒殺事件で死者12名に及びました。全国各地の自動販売機の商品受け取り口に、農薬（パラコート）を混入したジュースなどが置かれていました。毒物の混入された飲料を置き忘れの商品と勘違いさせ、それを飲んだ被害者が命を落としました。当時は、瓶で販売されている飲料のキャップは構造上、開封と未開封の区別が付きにくかったため、一旦開封し毒物を混入した上で、キャップを元に戻しても、ちょっと目には開封したとわからないことが多かったようです。

① 誰が直接の被害者であるか
　日本全国の自動販売機利用者
② 攻撃理由は何であるか
　不明
③ 考えられる防御策
　自動販売機の見張りがあげられますが、そもそも自動販売機は無人

であることが前提ですので、監視カメラを付けたとしても意図的な犯行に対してタイムリーに防御することは困難であると思われます。

2.3.5 和歌山毒物カレー事件（日本）[6]

1998年、和歌山県園部地区で行われた夏祭りで、カレーを食べた67人が腹痛や吐き気などを訴えて病院に搬送され、4人が死亡しました。そして同地区内に住む主婦が犯人として逮捕されました。

当初保健所は食中毒によるものと判断しましたが、和歌山県警は吐瀉物を検査し、青酸の反応が出たことから青酸中毒によるものと判断しました。しかし、症状が青酸中毒と合致しないという指摘を受け、警察庁の科学警察研究所が改めて調査して亜ヒ酸の混入が判明しました。

① 誰が直接の被害者であるか
　夏祭りに参加した同地区内の住民
② 攻撃理由は何であるか
　近隣住民とのトラブルという説もあるが不明
③ 考えられる防御策
　おそらく、カレーの調理中及び保管中に毒物を混入したと思われることから、調理保管中の見張りを付ける等が考えられますが、見張り役が犯人の場合、また前提が夏祭りのボランティア活動であるので、実際に防御することは難しいと思われます。

2.3.6 アメリカ炭疽菌事件[7]

2001年、アメリカ合衆国の大手テレビ局や出版社、上院議員に対し、炭疽菌が封入された容器の入った封筒が送りつけられた事件です。この炭疽菌の感染により、5名が肺炭疽を発症し死亡、17名が負傷しました。同時多発テロ事件の7日後に発生したこの事件はアメリカ全土を震撼させ、事件の捜査をしたFBIは「アメリカの司法史上最も大規模かつ複雑な事件の1つ」となりました。犯人はアメリカ陸軍感染症医学研究所（USAMRIID）に18年間勤務していた科学者であると判明しました

が、後に自殺しています。
① 誰が直接の被害者であるか
大手テレビ局や出版社社員　上院議員
② 攻撃理由は何であるか
不明
③ 考えられる防御策
悪意ある犯行の為、実際に防御するのは難しいと思われます

2.3.7　中国毒餃子事件[8]

　2008年、中国河北省の「天洋食品」で生産された冷凍餃子を食べて、兵庫県と千葉県で3家族10人がめまいや嘔吐（おうと）などの食中毒症状を訴え、そのうち9人が入院しました。

　千葉・兵庫の両警察本部がこのうちの2家族の食べた餃子を検査したところ、有機リン系農薬が検出されました。これを受けて、この冷凍餃子を輸入した日本たばこ産業子会社・ジェイティフーズ（JTフーズ）社はこの餃子を含め、同じ工場で製造された23の商品について自主回収を行うことを決めました。

　警察の調べで検出されたメタミドホスは、殺虫剤の含有成分で、中国本土では農薬として使われていますが、日本では農薬として使うことが認められていないため入手が難しいとされています。後に中国の天洋食品の臨時社員が犯人と判明しました。犯行の動機は同社で働いていた期間、ボーナスや賃金に不満があり、事件を起こすことで待遇改善を会社に求めることが犯行の動機であったとのことです。

　犯人は法廷で、「同社の食堂で15年間働いていたにもかかわらず、臨時社員の待遇しか受けられませんでした。毎月の賃金が正社員よりも少ないだけでなく、年末のボーナスも正社員が7千元（約11万円）以上であったのに自分は100元（約1600円）だった」と陳述しました。

　犯人は、騒動を起こせば会社の注意を引くと考え、工場周辺の衛生所と工場内の衛生所から、注射器2本を手に入れ、さらに、工場の環境・

衛生事務所から農薬のメタミドホスを盗みだしました。そして、工場の冷蔵庫に入り、冷蔵されていた餃子に注射器でメタミドホスを注射しようとしたが一度は未遂に終わったとのことです。その後、3回にわたり、冷蔵庫内の餃子にメタミドホスを注射しました。

① 誰が直接の被害者であるか
　毒入り冷凍餃子を食べた消費者
② 攻撃理由は何であるか
　会社に対する不満
③ 考えられる防御策
　食品衛生7Sの浸透や会社の初歩的な労務管理対策を見直す

2.3.8　アクリフーズ農薬混入事件（日本）[9]

　2013年、アクリフーズ群馬工場で製造された冷凍食品を購入した客から「異臭がする」などの苦情が、全国各地から20件寄せられました。調査した結果、高濃度の有機リン系の農薬・マラチオン（殺虫剤の一種）が返品された商品から検出されました。

　アクリフーズは群馬工場に勤務する全従業員への聞き取り調査を実施し、その結果、アクリフーズ群馬工場で働いていた契約社員の男が農薬の混入に関わり、2013年10月に4回にわたって製造された冷凍食品に農薬を混入し、工場を操業停止にさせたために、偽計業務妨害罪容疑で逮捕されました。犯行の動機は会社に対する鬱憤晴らしでした。

　アクリフーズは事件の2年前から、契約社員の賃金体系の見直しが図られ、それまで年功序列制だったのが、厳しい成果主義となりました。全体の約6割の契約社員は一方的に給料が下がるいわゆる人件費のカット政策でした。犯人も2013年からボーナスが減り、不満を漏らしていたとのことです。推定年収は約200万円とされ、そのうち約20万円が賞与でした。その時の同社の契約社員の募集要項を見ると、月給約14万円であったようです。また、仕事を評価する管理職は現場におらず、形式的な給与査定しか行っていなかった現実もあったようです。

さらに、正社員と契約社員の待遇格差について契約社員を見下すような態度をとる正社員がいたこと、同じ職務内容なのに、給与が違うこと、契約社員から正社員登用の道が厳しすぎる（1.5％程度）こと等が、あげられます。また、正社員は週休2日制なのに対し、契約社員は繁忙期にはかなりの過重労働があったとの報告もあります。

　犯人については職場では有名なトラブルメーカーで、サボリ、つまみ食い、周囲との喧嘩、上司への文句、ロッカーを蹴る等の行為も確認されていました。前職場（製造業）でも、不良品の混入で解雇されています。私生活においても、近所とトラブル続きだったようです[10]。

① 誰が直接の被害者であるか
　冷凍食品を購入した消費者
② 攻撃理由は何であるか
　会社に対する不満
③ 考えられる防御策
　食品衛生7Sの浸透や会社の初歩的な労務管理対策を見直す

性善説と性悪説の正しい認識

　故意による異物混入対策について論じた多くの文書に「性善説と性悪説」の話が出てきます。しかし、「性善説と性悪説」の概念について正しく理解しているとは思われないものもあります。そこで、大阪大学大学院文学研究科で漢学を研究され孟子についての著書や論文もある佐野大介博士（現在、明道大学応用日語学系）の原稿＊を元に「性善説と性悪説」の正しい認識について、まとめてみます。

　中国思想の中心に位置する孔子は、人間の本性について「性相近し、習い相遠し（人間の性は生まれつきは似ているが、学習により差が出る）」と述べています。孔子の後、人間の本性について議論が盛んと成り、その代表的なものとして孟子の唱える性善説と、荀子の唱える性悪

説がでてきました。

　孟子は、人性の本質をその利他性に見て、人は生まれながら学習することなく物事を行える「良能」と、思慮に依らずに行える「良知」をもっているので、このような善性を拡充していくことが個人として最も重要なことであると説きました。

　一方、荀子は、人の性は欲望を備えており（「欲望を備えること」を荀子は「悪」と表現）、人は人為的努力により欲望に打ち勝たねばならないと認識して、そのため荀子は内的な克己心を重視し、「欲望を備えた本性を克服するため、自律や克己、また後天的な学習や努力を重視する」説を説きました。

　佐野博士は、「人の本性は悪であるから、強い外的な強制力によって制御しなければならない」という考え方は、荀子の性悪説よりも法家の考え方に近いと指摘されています。韓非子は、人は欲望を備えている存在なので、その対策として法律を活用する「法治」が必要と説いています。「人が悪事をなし得ない方法」を考えるのが法家の考えなので、「内的な克己心でなく、監視カメラなどの外的な強制力」をもちいるフードディフェンスの考え方は、荀子のいう性悪説ではなく法家に近いものではとのことです。

　孟子の主張する性善説による"王道政治"は、経済面からは民政を安定させること、道徳面からは教育によって民の道徳性を涵養することを主軸としています。そのために為政者は、学校を整備し、道徳によって民を教化していくことが求められるとされています。企業のトップは、故意による異物混入対策として食品衛生7S活動を行い、その中の躾教育により従業員の道徳性を高めるようにする必要があるのではないでしょうか。それこそが、現代版の「性善説」といえるでしょう。

＊　佐野大介：「性善説・性悪説の理解とその問題点」、環境管理技術、Vol.33、No.2、p.93-99、2015.04

2.4 意図的な異物混入による経済的損失
——ひとたび事件を起こされると国や企業としてこんなに損失が発生する——

　ここでは、異物混入事件が起こると、どのくらいの損失が発生するか検証してみます。まず、最近の意図的な異物混入事件の特徴として、会社への鬱憤晴らしのために行うケースがあげられます。犯人は自己中心的な考えで犯行に及び、最終的な結果や経済損失はまったく考えていないのが現状です。

　中国毒餃子事件[11]の場合ですが、この事件では取り返しのつかない巨大な損失が発生しました。中日の消費者14人が被害者となったほか、食品経営輸出権を持ち、年間6000トンの生産力を誇る国営企業だった「天洋食品」は倒産し、従業員1千人以上が職を失いました。また、事件発生後、天洋食品は商品の回収や商品の密封保存のために、500万元（約8千万円）以上を費やしました。そして、中国製の食品に対する信頼も大きく損なわれてしまいました。

　検察官は法廷で、「従業員は会社で不公平な待遇を受けたと感じた場合、正当な合法的手段を使って訴えるべきで、鬱憤を晴らすために他の人を傷つけてはならない。同事件はこのことについて深く学ぶ機会になった」と指摘しました。

　また、犯行に至った過程で、犯人は料理人という立場を利用して商品を保存している冷蔵庫に何度も入っており、監視するスタッフは誰もいない状態でした。犯人はそのすきを狙い、餃子に農薬を注射しました。そのため、犯人側の弁護士は、「同食品工場の冷蔵庫は出入りの管理が甘く、工場の監督・管理業務にも落ち度がある」と指摘しています。

　次にアクリフーズ農薬混入事件の場合ですが、商品回収費用だけでも約40億円と報じられています。また親会社のマルハニチロHD[12]は2014年3月期の連結純利益が従来予想の70億円より35.4%少ない45億円になるとの見通しも発表しました。その他、マルハニチログループの

株価下落、不買運動、労働者の会社離れ、採用困難、グループ全体のブランド失墜などを思えば、100億円は下らない損失を出したことになります。

2014年9月25日に東京地裁は、マルハニチロが商品の回収を知らせる社告を出して約5億9700万円かかった一部の1億円の損害賠償を求めた訴訟で元契約社員に全額の支払いを命じる判決をいい渡しています。

 ## 意図的な異物混入が生んだ意外な結末

　食品中の異物混入は、時として大回収や企業の存続危機にまで発展することは多くの人が知る事実でしょう。しかし、故意に食品中に挿入された異物が契機となり結婚まで突き進んだ二人がいることも事実でしょう。

　クリスマスパーティの席上、大きなプディングが用意され、切り分けられました。ところがある男のプディングから銀貨が出てくるし、別の女性のプディングからは裁縫道具の一つである指貫が出てきたのです。どちらも硬質異物であり、しかも、それらの"異物"は、この日のために故意に入れられていたというのですから、今の世ならば大きなニュースになること間違いありません。

時は100年近い昔、1919（大正8）年12月、イギリス・スコットランド・グラスゴー近郊の小さな町カーカンテロフで起こった事件です。そう、NHK大阪が作成した朝ドラ"マッサン"のモデルとなった日本ウィスキーの生みの親・竹鶴政孝とその奥さん・リタさんとの成り染めのエピソードです。

　リタさんの実家・カウン家のクリスマスパーティに参加した竹鶴に切り分けられたプディングには5ペンス銀貨が、リタのプディングには指貫が入っていました。イギリスの家庭では、クリスマスに小物をプディングに入れて占いを楽しむという伝統があり、カウン家の"プディング占い"では、「銀貨を引いた男性は金持ちになり、指貫を引いた女性は良いお嫁さんになる。そして二人は、将来結婚する」とされていました。東洋の島国日本から来た男性と、誇り高き大英帝国の女性との結婚、まわりの反対は相当なものだったと思いますが、1920年1月8日には、二人はグラスゴーのカルトン登記所を訪れ、夫婦となったことを宣誓しています。その年の秋、二人は汽船に乗り、日本の大阪に着きます。

　その後、紆余曲折はありますが、竹鶴はサントリー山崎工場の立ち上げに成功、さらにニッカ余市工場を立ち上げ現在の日本ウィスキーの父とまで評価されるようになりました。

　さて、「故意に入れられた異物」、それが取り持つ縁。そのような異物混入なら、僕にも、私にもという若者が多くいるのではないでしょうか。時には、異物混入も粋なことをするものですね。

参考文献：NHKドラマ・ガイド「連続テレビ小説　マッサン」Part 2、p.49、NHK出版、2015.02.25

2.5 解決策──特に日本企業としてどのような対策を取るか──

　過去に起こった幾つかの意図的なまたは悪意ある異物混入事件を紹介してきました。一部を除いて、ほとんどの事件が予測不可能であり、考えられるあらゆる防御策を講じたとしても完全な防御は不可能であると思われます。しかし、どのようなフードディフェンス対策も講じないまま手をこまねいているわけにはいきません。そこで、企業としてある一定のラインを設け、どのラインまでのフードディフェンス対策を行うか検討すべきです。

　まず根本的に、悪意ある組織的な異物混入（フードテロ）に関しては予測も含め完全な対策は難しいものと思われます（軽減策や事故後のリカバリー対策は考えられますが）。また、その対策を日本の一企業で取り組むことも常識的に見て効果が薄いものと思われます。

　肝心なのは、防御可能なレベルのフードディフェンス対策を確実に講じることです。

　ソフト、ハード面から見て、まずハード面は、工場敷地内の立ち入り制限や、工場の施錠管理、定期的な巡回や持ち物検査等があります。また、アクリフーズ農薬混入事件後、監視カメラの過剰な設置も論議されました。もちろんハード面の対策は、攻撃者に対し一定の心理的効果があるでしょうし、企業経営として当然に講じる対策であるとも思います。しかし、本当に大切な基礎を忘れて、いくらハード面の対策を講じても「砂上の楼閣」になります。

　日本企業の対策で一番大切なことは、ソフト面の対策です。現在のフードディフェンス対策の論議で一番抜け落ちているのは実はこの「ソフト面の対策」の問題です。中国毒餃子事件が起きた当初は、ある意味「対岸の火事」的な見方がされ、日本には関係ないとの見解が一般的でした。しかし、アクリフーズ農薬混入事件が起きたことでもわかるように、今までの日本の常識では考えられない、本来事件を起こすはずのな

い契約社員が犯人でした。もちろん犯人が善悪の判断ができず自分自身の行動をコントロールできなかったことが直接的な原因ですが、犯行理由が会社への鬱憤晴らしであったことや、農薬混入事件以前に、同事件の予兆ともなる異物混入事件[13)]が多発していたこと、そもそも問題の多い契約社員を雇い続けていたこと等を考えると、アクリフーズの労務管理体制の不備が露呈した結果であると考えられます。食品衛生7Sの浸透や通常レベルの労務管理、コミュニケーションや従業員満足の向上、適切な人事考課等を行っていれば確実に防げる事件であったと思います。しかし、これはアクリフーズだけの固有の問題ではなく、今、大半の日本企業が同じような「従業員満足不全」の状態[14)]になっているのではないでしょうか。

最近の論議では、「日本でもこの手の事件が起こりうる時代になった、欧米のような性悪説で従業員を管理する」という意見が日本のフードディフェンスではまだまだ主流ですが、私はこの意見に大きな警鐘を鳴らしたいと思います。もちろん、すべてが間違っているとは思いません。人間は成長過程で悪人になる者もいると思いますし、従業員の雇用が多ければ、問題社員を雇うリスクもゼロではありません。それに対してある一定の対策は必要でしょう。しかし、日本経済が発展してきた道筋を見ると、日本人の勤勉さや、愛社精神、またチームワークで仕事に取り組むといった、ある意味欧米には無い日本独自の文化や良さがあったと思います。それが、バブル崩壊を境に、日本企業全体が間違った解釈の欧米的成果主義を採用し、迷走した結果、「消えた20年」[14)]となり、失われてしまったのではないでしょうか。

何百年もかけて築き上げた日本人の仕事に対する気質や基本的な考え方が20年程度で簡単に変わることはないと思います。大切なのは「人の心」を考えずして何の対策も始まらないということです。この20年でないがしろにされた「人を育てる」という日本の企業文化やコミュニケーション、従業員のモチベーションの向上といった基礎的な土台が無い限り、どんな立派な設備や制度を取り入れてもフードディフェンスは

上手くいくはずがありません。

考えてみてください。
1） あなたの会社に、部下を育て、時には部下の仕事の責任を取り、時には上司にも意見する中間管理職、いわゆる「豪傑課長」はいますか?
2） あなたの会社の規程規則は、他社の受け売りや流用ではなく、従業員代表も入れて議論を重ね作成し、実態に即した「生きた規程規則」になっていますか?
3） あなたは、部下や上司のプライベートのことをどのくらい知っていますか?

2.5.1　フードディフェンスのソフト対策

さて、上記を踏まえた上でフードディフェンスのソフト対策をまとめてみます。

1）従業員との信頼関係の構築

いくら監視カメラを増やしても、悪意を持って臨まれれば無力です。また、ある程度の成果主義も右肩上がりの時代ではないので避けては通れないことです。いかに全社の目標を設定して従業員全員で理解し、正当な評価の下、実行できるかです。ポイントは従業員との信頼関係の構築や地道な社員教育です。

2）会社の風通し、食品衛生7Sを充実させる

従業員の声を聴き、意見としてトップや責任者まで届くような社風を構築することです。また食品衛生7Sを浸透させ、最終的に従業員満足向上につなげることです。決定権のある役員や部長が優先順位を付け、スピーディーで効果のある対策を講じるシステムを構築することです。

3）正しい労務管理の徹底

　企業は利益集団であるとともに、人を育てる場、人間形成の場であるともいわれています。ある程度の志を同じにした者が、知恵を出し合い、また協力し、自分の職務を全うして成り立っています。しかし、アクリフーズ農薬混入事件の犯人のような、ある意味、企業にマイナスで悪影響を与える従業員も中にはいます。そのような従業員は会社には不必要であるだけでなく、大変な経済的損失を被る原因にもなります。普段の仕事ぶりや人事考課等でそのことを判断できる能力も企業を守る為には必要です。コンプライアンスに則った形で、時には「解雇」も視野に入れる正しい労務管理の知識も重要です。

(引用文献)
1） Nico Nico PEDIA　http://dic.nicovideo.jp/a/%E3%83%86%E3%83%AD
2） NAVERまとめ「名張毒ぶどう事件とは」
　　http://matome.naver.jp/odai/2139624134852820701
3） ブログAuto Page　http://blog.ap.teacup.com/atamagafire/120.html
4） イカリ消毒株式会社　月刊「クリネンス」よりバイオセーフティーの基礎知識
　　https://www.ikari.co.jp/topics/cleanness2_6.html
5） NAVERまとめ　無差別殺人パラコート連続毒殺事件
　　http://matome.naver.jp/odai/2139426301097874401
6） BLOGOS「和歌山カレー事件の再審を阻んでいるもの」
　　http://blogos.com/article/91115/
7） 東京BREAKINGニュース未解決事件ファイル：アメリカ炭疽菌事件と日本で続出した模倣犯
　　http://n-knuckles.com/case/society/news000939.html
8） 朝日新聞　DIGITAL　中国毒ギョーザ事件　被告に無期懲役判決　発生から6年
　　http://www.asahi.com/articles/ASG1N3DVWG1NUHBI00Q.html
9） AERA dot　アクリフーズで年収60万円ダウンも恨み買った給与体制
　　http://dot.asahi.com/aera/2014020400019.html
10） プラネット
　　HP http://www.planet-consulting.jp/news/hp0001/index.php?No=229&CNo=2
11） 中国経済報告　http://j.people.com.cn/94475/8347897.html
12） 株式会社マルハニチロホールデキングス　平成26年1月25日子会社における特別損失の計上及び通期業績予想修正並びに当社と子会社5社の6社合弁進捗に関するお知らせ

13) アクリフーズ「農薬混入事件に関する第三者検証委員会」最終報告P17
14.15) 日科技連「フードディフェンス」従業員満足による食品事件予防　角野久史編著　食品安全ネットワーク著　第4章フードディフェンスと労務管理

「新雇用法」

有期労働契約の新ルール…労働契約法改正

　故意による異物混入対策で、労務管理についての重要性が明らかになっていますが、食品業界には多くの有期労働契約の労働者が働いています。

　2013年12月に起きた従業員による冷凍食品への農薬混入事件「アクリフーズ事件」の犯人も同様でした。有期労働契約とは1年契約、6ヶ月契約などの期間の定めのある労働契約のことです。パート、アルバイト、派遣社員、契約社員、嘱託等、様々な呼び方がされていますが、いずれも有期労働契約の労働者に該当します。

　昨今、この有期労働契約の労働者に大きくかかわる法律「労働契約法」の改正が行われました。大きなポイントは3つで、いずれの内容も労働者の雇用の安定を図ろうとするものです。ここではその内容を大まかにまとめています。

① 無期労働契約への転換（労働契約法第18条）

　同じ会社に連続して勤務していて、有期労働契約が通算して5年を超えて繰り返し更新された場合は、労働者が希望した場合、無期労働契約（期間の定めが無い）に転換をしなければなりません。このルールは有期労働契約の濫用的な利用を抑制し、労働者の雇用の安定を図ることを目的としています（※通算期間は2013年4月1日以降に開始した有期労働契約が対象です）。

②「雇止め法理」の法定化（労働契約法第19条）

　使用者（雇い主）が更新を拒否するいわゆる「雇止め」は労働者保護

の観点から過去の最高裁判例により一定の場合無効とするルールが確立されました。例えば、Ⅰ 過去に反復して更新されていた有期労働契約で明らかにその雇止めが解雇と社会通念上取れるもの。Ⅱ その契約が更新されるものと労働者が期待することに合理的な理由が有ると認められるもの。

③ 不合理な労働条件の禁止（労働契約法第20条）

　同じ会社内で無期契約労働者と比較して、同一の業務をしているのにもかかわらず、有期労働契約であることを理由に不合理に労働条件を相違させることを禁止するルールができました。例えば給与や労働時間、通勤手当の有無や食堂の利用、安全管理等について特段の理由が無い限り相違させることは認められないと解されます。

厚生労働省HP参照
http://www.mhlw.go.jp/seisakunitsuite/bunya/koyou_roudou/roudoukijun/keiyaku/kaisei/pamphlet.html

第3章
異物混入対策もフードディフェンスも"根"は同じ

3.1 異物とはどのようなものを指すのか

　第2章で異物混入の歴史を見てきました。新聞やTVなどのニュースを見ていると、食品に、虫、ビニール片、金属片、プラスチック片など様々な異物が混入したというニュースが相次いでいます。その結果、食品中の異物混入が大変増えているように思われるのですが、実際の件数はそれほど増えてはいません。

　ところで、「異物」とはどのようなものを指すのでしょうか。広辞苑（第5版,1998）には「①普通とはちがった物。奇異なもの。②体外からもたらされ、または体内に発生した、体組織となじまない物質」と書かれています。そこでこの定義を、本書のテーマである「食品中の異物」に当てはめると、「普通は食品中に入っていないもので、体内の組織となじまないもの」ということができるでしょう。しかし、消費者が「異物」だと主張するものの中には、少し奇異に感ずるものもかなり多く存在します。印象に残っている幾つかの例を以下に紹介します。

1）「鮭のおにぎりを食べていたら、骨が出た」「白身魚から骨が出てきた」：魚から骨が出てきたというクレームは大変多いです。魚の骨は、異物でしょうか。一般的に、魚には大骨・小骨などの骨があるのが普通であり、「骨抜き魚」と明示してある場合を除き、魚から出てきた骨を異物の範疇に入れるのは問題があるでしょう。

　「骨抜き魚」は、捕獲された魚類が、一旦中国など人件費の安い国の加工工場に送られ、そこで骨抜き作業が行われた後、再度国内に送り返され、市場に出回ります。作業現場では、半冷凍された状態の魚が腹側から開かれ、内臓と大骨を除去し、残った小骨を指先で探しながらピンセットで除去しています。何回も、指で押さえつけられた魚の肉を想像してください。現場を知れば、よほどでない限り食べたいとは思わない

でしょう。

　魚には、骨が含まれるのが普通であり、魚の骨を上手に除去して食べるのこそ日本人の特技なのではないでしょうか。

2）「ソーセージから軟骨が出てきた」「ソーセージから豚毛が出てきた」：加工肉製品から軟骨や獣毛が出てきたというクレームも日本では、よく聞かれます。"日本では"と書いたのは、アメリカやカナダなどではブタを材料として使っている限り、軟骨や獣毛が製品に混入するのは当たり前で問題ないという認識だから、クレームにはならないからです。

　2005年にカナダのあるハム／ソーセージ工場を見学したとき、その工場は日本商社の要望で、軟骨対策にＸ線検知器を設置させられたとのことで、工場長が「日本では軟骨も異物なのですか」と驚いていたのを思い出します。獣肉に対する歴史の差でしょうか。

3）「チキンピラフから、鶏の骨のようなものが出てきた」：鶏肉の小骨も取りにくいもので、軟骨などとともにチキンピラフなどから出てくる可能性は高いものです。そのため、鶏を用いた料理では、骨が出てきた、軟骨が出てきたというクレームが多いです。大きな骨が出てきたときには問題がありますが、小さな骨については、それほど気にせず食べてしまってもよいのではとも思われます。

4）「ちりめんじゃこからエビが出てきた」「ちりめんじゃこからタコが出てきた」：昔のちりめんじゃこからはエビ、タコ、時としてはタツノオトシゴなどがよく出てきました。朝食時のおかずのちりめんじゃこからエビやタコが出てきて、うれしい気分になったことを思い出します。しかし、最近はそのような夾雑物を見ることはなくなりました。ちりめんじゃこはイワシ類の稚魚をゆでて一夜干しなどの乾物にしたものですが、その捕獲時に網の中にエビ、タコをはじめ多くの魚類の稚魚などが

混入してきます。昔は、そのまま出荷されていたのですが、最近はエビやタコなどを「異物」だという人が出てきたので、一夜干しなどの乾物にされた製品をベルトコンベヤー上に広げ、多数の作業員がピンセットでそれらの"異物"を除去しています。もちろん、人件費が掛かるので、価格は高くなります。

5)「アロエヨーグルトから、アロエの皮のような硬いものが出てきた」：アロエが原料として使われているので、ミキサーによる粉砕の途中で完全に粉砕されずに小片が残ったのだと思われます。ミカンジュースなどで、原材料の質感を出すために、質感の異なるつぶつぶの原料を残したり、入れたりすることがあります。原材料由来のつぶつぶが残っていることが売りの商品では、硬い物が入っていてもよいかも知れませんが、アロエヨーグルトはつぶつぶの許されない製品なのでしょうか。

6)「和菓子のお餅から、硬い粒状のものが出てきた」：検査機関に依頼して調べた結果、つぶされていない餅米でした。製餅の時に、蒸し米を臼と杵でついて均一な性質のお餅にするのですが、何らかの理由で、つかれることなく粒状のまま残った蒸し米が硬く感じられたのでしょう。原材料の餅米には違いないのですが、これも食感の異なるものとして異物クレームの対象になったのです。

　独立行政法人　国民生活センターでは、食品異物の内容を表3.1のようにまとめています。2014年度受付分では、1) ゴキブリ/ハエなどの虫などの件数が最も多く、次いで、2) 金属片などで、以下、3) 人の身体にかかわるもの、4)（硬質な）プラスチック片など、5) ビニール、フィルム（テープ類含む）など、7) 紙くず、布繊維くず（スポンジ、たわし含む）など、8) 食肉や魚の骨など、9) 石、砂など、10) ガラス、陶器片（皿のかけら含む）など、11) ゴム、ゴム片など、12) 楊枝、割箸などの木片、13) 小動物の死体、羽根、フンなど、14) その他・不

明、となっています。本当に雑多なものが食品から異物として見いだされています。

生活協同組合のお客様担当をしていた友人の話では、「考えられるすべてのものが異物として申告されてきます。異物が混入した原因を、製造企業の担当者と協力して調査しますが、明白に製造現場に原因があるといえるのは、総件数の1/3程度です。さらに1/3は、製造現場ではなく流通過程や消費者の喫食段階で混入したと判断する方がよい異物です。残りの1/3は、どの段階で混入したか不明のものです。しかし、面白いことに100円硬貨は異物として申告されますが、500円硬貨や1000

表3.1 異物の内容（2014年度受付分、複数回答）（件（%））

		食品の異物混入 n=1,852		
			食料品 n=1,656	外食・食事宅配
虫など (小計345件)	ゴキブリ、ゴキブリの足など	49 (2.6)	318 (19.2)	27 (13.8)
	ハエ、ハエの幼虫など	31 (1.7)		
	ゴキブリやハエ以外の虫	265 (14.3)		
金属片など (小計253件)	針金、釣り針など	93 (5.0)	237 (14.3)	16 (8.2)
	ステープラーの針など	21 (1.1)		
	カッター、刃物など	5 (0.3)		
	他の金属片など	134 (7.2)		
人の身体に係るもの (小計202件)	毛髪や体毛など	148 (8.0)	169 (10.2)	33 (16.8)
	歯、歯の詰め物など	27 (1.5)		
	爪、つけ爪（ネイルを含む）など	19 (1.0)		
	ばんそうこう	8 (0.4)		
（硬質な）プラスチック片など		140 (7.6)	127 (7.7)	13 (6.6)
ビニール、フィルム（テープ類含む）など		87 (4.7)	74 (4.5)	13 (6.6)
紙くず、布繊維くず（スポンジ、たわし含む）など		76 (4.1)	69 (4.2)	7 (3.6)
食肉や魚の骨など		55 (3.0)	34 (2.1)	21 (10.7)
石・砂など		48 (2.6)	44 (2.7)	4 (2.0)
ガラス、陶器片（皿のかけら含む）など		41 (2.2)	29 (1.8)	12 (6.1)
ゴム、ゴム片など		33 (1.8)	28 (1.7)	5 (2.6)
楊枝、割箸などの木片		29 (1.6)	27 (1.6)	2 (1.0)
小動物の死骸、羽根、フンなど		21 (1.1)	19 (1.1)	2 (1.0)
その他・不明		540 (29.1)	495 (29.9)	45 (23.0)

出典：独立行政法人　国民生活センターHP

円の記念硬貨などは異物として申告されることはなかったです。もちろん、ガラス玉は異物として申告されますが、真珠をはじめダイヤモンドなどの貴金属も異物としての申告はありません」とのこと。消費者の「異物」に対する考え方の一端がわかるような気がしませんか。

　結論として、基本的に「成分表示」に記載されていないものはすべて「異物」といえましょう。しかし、前述の事例を見るとき、本来原材料の一部分である物でさえ、質感・食感の異なるものがあれば、「異物」といわれることがわかります。消費者は、異物を、原材料表示に示された物以外というよりも、さらにかなり広い範囲で考えているようです。

3.2 苦情・クレームにしめる異物混入の割合

　第2章では、異物クレームになっていない異物混入と、異物クレームになっている異物混入の比較（図2.2）が示されています。食品中に異物が検出されたとき、必ずクレームになるとは限らず、クレームになるときとならないときがあることは、先の生活協同組合の担当者の話からも理解できます。しかし、異物がクレームになるかどうかは、お客様に対する初期対応の良否が大きく影響します。この点については、角野久史編著「食品の異物混入時におけるお客様対応」（日科技連出版、2015）に詳述されていますので、参照してください。

　ここでは、クレームに占める異物混入の割合についてもう少し見てみましょう。東京都福祉保健局のHPには、東京都（東京都、特別区、八王子市、及び町田市）の保健所などによせられた食品等の異物混入などの苦情や相談が分類集計の上、発表されています。その結果から苦情（クレーム）件数に占める異物混入の比率を算出すると図3.1のようになります。苦情件数は年度により大きく変動していますが、大きな傾向としては増加傾向を示しています。一方、苦情中の異物混入の件数は、それほど増加していません。比率で見ると、苦情件数と同様に変動していますが、全体としては20％前後で減少傾向といえます。食品企業のたゆまぬ努力の結果が異物混入を減少させているのでしょう。

　苦情件数が大きく増加した時期には、食品の安全性に関係した大きな事件が起こっています。2000年は、雪印乳業による大規模食中毒事件が起こり、食品の安全性に関する関心度が一挙に高まり、異物混入などの苦情による自主回収が続発した時期です。

　2001年には、牛海綿状脳症（BSE）が発生し、食用牛の全頭BSE検査が始まりました。2002年は、中国産冷凍ほうれん草から基準値以上の農薬が検出され、2003年には、「食品安全基本法」が公布されます。

　次のピークは、2007年に起こった一連の食品事故、不二家（1月）、

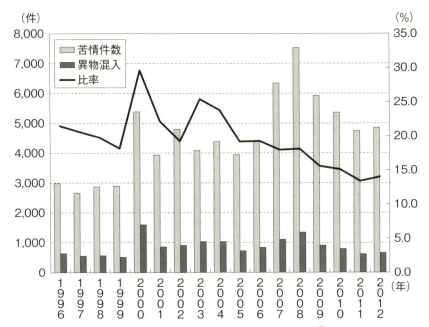

注) 東京都福祉保健局HP「食品衛生の窓」の調査・統計データー[3]にある「要因別苦情件数」のうち、総件数と異物混入件数を取り出し、年代別に整理した。
米虫節夫、標準化と品質管理、Vol.68,No.3,p.37,2015

図3.1　異物混入とクレームとの関係イメージ

　ミートホープ（6月）、石屋製菓（8月）、赤福（10月）、船場吉兆（10月）などに触発された結果だと思います。2008年には、中国製冷凍餃子への農薬混入事件が発生し、苦情件数は大きく増加しています。まだ公表されていませんが、2013年12月にアクリフーズの事件が起こりましたので、2014年の苦情、クレーム件数は大きく増加していることでしょう。

　消費者、お客様からの苦情・クレームの件数は、大きな事件が起こると増加するので、食品製造現場の問題ではなく、消費者の意識の変化によるものといえます。しかし、クレーム件数の増加とは関係なく、異物混入の件数は低下傾向を示しているといってもよいでしょう。これは、多くの企業で地道な品質管理活動が行われている結果です。

3.3 偶然による異物混入

　日本の多くの企業には、品質管理や品質保証の部署があります。食品産業でも、これらの部署は必須です。日本に、現在のような品質管理が紹介されたのは1950年代初頭で、米国から「統計的品質管理」として紹介されました。その中心が「管理図」と「抜取り検査」です。

　基本的に安定な工程からは良品が多く生産されますが、不安定な工程からは多くの不良品が生まれてきます。そこで商品の作り手は「管理図」を用いて現場の管理を行い、安定な工程を造るように努めます。一方、商品の買い手は「抜取り検査」で購入した製品の品質を保証するという考え方です（図3.2）。

　フォード社のベルトコンベヤー方式による大量生産方式の導入以来、作業員が的確に作業ができるように標準作業手順書（SOP：Standard Operation Procedures）が作られています。食品産業においては、SOPとともに衛生標準作業手順書（SSOP：Sanitation Standard Operation Procedures）が作られています。これはHACCPやISO9001システムを導入したときに作成する手順書、マニュアルです。日々の作業は、それらの手順書やマニュアルに従って行われます。

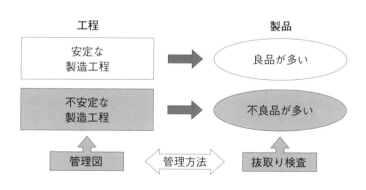

図3.2　安定な工程から良品が生まれる

しかし、毎日作られる製品の品質は、気温、湿度、原材料の変化、機械の調子、作業員の体調や交替などの微妙な変化により、影響を受けます。これらの変化要因を、4M（Man作業員、Material原材料、Machine機械・装置類、Method製造方法）といい、現場の管理の中心になっています。

製品の特性に大きな影響を与える原因・要因を体系的に検討するときには、特性要因図が用いられます。特性要因図は、問題としている製品の品質を示す特性値に影響を与える要因である4Mなどを、魚の骨のような図に体系的にまとめたもので、図3.3のようなものです。この図では、「作業ミスが多い」という結果・特性に影響する要因を4Mを大骨として、そこに関連する項目を中骨や小骨として記載しています。この図を前にして、関係者が集まり、結果に大きな影響を与えている要因を検討し、その要因に対して改善活動をすることになります。

SOPやSSOPなどの手順書やマニュアルにしたがって作業していても

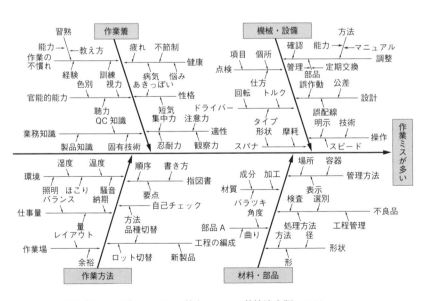

出典：細谷克也、「QC七つ道具100問100答」、p.4、日科技連出版、2003

図3.3　特性要因図

4Mの変化で、微妙に異なる品質の製品ができてきます。そのため製造された品質は一定値になるとは限らず、ある一定の範囲内のばらつきを示します。その結果、時として不良品が出てしまいます。そこでできた製品の品質を測定し、管理図に記入することにより、その品質の変化が許される変動幅内に治まっているか、許されない異常な変化かを判断します。もしも、許されない異常な値が出た場合には、なぜそのような値になったかの原因を特性要因図などを用いて調査・検討し、品質の測定値が許される変動幅以内に治まるように工程に手を加えることになります（図3.4）。

このような統計的品質管理が日本で定着した1960年代では、多くの産業で数％程度の不良率を示していました。食品産業も例外ではありません。しかし、その当時アポロ計画を推進していたNASAは、不良率1ppm以下の品質を要求しました。100万個に1個以下しか不良がでないような工程を要求したのです。その当時の食品企業で、この不良率の要求を満足できるところは、どこにもなかったでしょう。HACCPは、そのような要求の中で生まれた安全な食品を生産する方式です。し

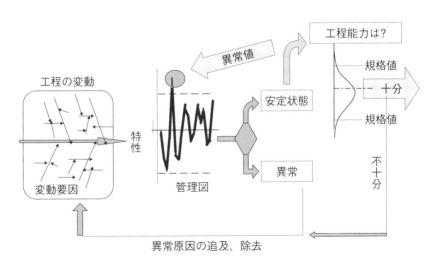

図3.4　異常原因の追及、除去

かし、いくらHACCPを導入しても、前記のような4Mの変化は無視できません。そのため、不良品や異物混入事件の発生比率は低くなりますが、ゼロにはならず一定の割合で不良品や異物混入事件はおこります。

　適切な品質管理を行っている食品企業の不良率は、最近、数ppm程度になっているといわれています。この数値で考えると、毎日100万個の製品を製造している企業では、毎日数個の不良品が出てくる計算になります。もちろん製造された品質は一定値になるとは限らず、ある一定の範囲内のばらつきを示すのが普通です。そのため、時として不良品が出てしまうのです。しかし、この数ppmという値でも、まだNASAの要求品質には達しないのです。いかにNASAの要求が高かったかがわかります。

　不良品を意図して製造する企業はありません。しかし前述の4Mの微妙な変化により、不良品はある一定の確率で生産されてしまいます。この偶然に生産された不良品が苦情やクレームの対象となるのです。

　異物混入も前述のような偶然による不良の一種と見なせます。毛髪、金属片、硬質プラスティック片、軟質フイルム片などの異物混入です。これらは、製造工程のどこかでまさに偶然に混入した異物といえるでしょう。

3.4 悪意をもった人による異物混入

3.3節において、4Mの微妙な変化にともない、製品の品質にばらつきが生じ、一定の比率で偶然に不良品が発生し、その不良品の中に異物混入があると説明しました。ここでは、偶然による異物混入ではなく、悪意を持った人による意図的な異物混入について考えてみましょう。

2章で、いくつかの悪意を持った人による故意の異物混入事件を紹介しました。その内で食品工場の中で行われた事件として、2008年の天洋食品における農薬混入中国冷凍餃子事件と2013年のアクリフーズにおける農薬混入事件があります。両者に共通しているのは、安定した雇用形態ではない作業員が、雇用条件（給与、待遇など）に不満を持ち、高濃度の農薬を食品中に故意に混入させた事件という点です。

前述したように4Mとは、Man作業員、Material原料、Machine機械装置、Method作業方法をいいます。この4Mを管理することにより、製品特性のばらつきを許容範囲内にするのですが、最も管理の難しいのがMan作業員ではないでしょうか。

図3.3の特性要因図では、「作業ミスが多い」という特性に影響する要因として、作業員という大骨における中骨として、作業の不慣れ、官能的能力、業務知識、健康、性格、適性の6項目をあげ、それぞれに対してさらに小骨の項目を記入しています。これらの項目すべてが、大なり小なり、特性値に影響を与えているのです。作業員の管理は、これらすべてを考えて行う必要があり、本当に大変なことといえるでしょう。

ここで、特性値を「悪意による異物混入」としたとき、図3.3の作業員という大骨には、「雇用形態」と「待遇」などの項目を中骨として追加すべきでしょう。最近の複雑化した雇用形態には、正社員、派遣社員、契約社員、準社員、アルバイト、パートなどがあり、同一労働同一賃金が守られているとはいえません。その結果、給与やボーナスに大きな差がつけられ、不満の鬱積する土壌が醸されています。さらに、待遇

では給与やボーナスだけではなく、勤務時間、勤務日数、有給休暇、厚生施設の利用などまで大きな差がつけられています。そのため、第2章でもふれたように潜在的に「悪意を持つ作業員」を作り出す土壌が準備されているのです。このことを十分に理解しておくべきです。

しかし、従来の日本においては、各作業員の性格や特性を把握し、毎日の健康状態まで注意を払ってその作業員に最も適切な作業をさせていました。皆と一緒に一つの製品を作り上げる共同作業の一翼を担ってもらい、仲間とともにする仕事に誇りを持たせ、生活の充実感を得ることにより、企業の一員としての自覚を育成してきたのです。そのような土壌が、雇用形態の多様化などにより希薄化してきたのです。その結果、待遇に不満を持つ作業員の中に、不満を悪意にまで高める者が出てくる可能性が高くなっているといえます。そのような悪意を持った作業員の内から「悪意を持った異物混入」をする者が出てくるのです。これは大変なことではないでしょうか。

日本人の発明した"特性要因図"

魚の骨のような図3.3は、品質管理で「特性要因図」（characteristic diagram）と云われ、欧米では「石川ダイグラム」（Ishikawa diagram）とも云われており、日本的品質管理の創始者の一人である石川馨先生（1915年7月13日～1989年4月16日）の発明されたものです。

JIS Z 8101では、「特定の結果と原因系との関係を系統的に表した図」と定義されています。また、TQC用語辞典（三浦新、狩野紀昭、津田義和、大橋靖雄編、1985、日本規格協会）では、「品質の特性や不良箇所（特性）とその原因（要因）との関連を表し、それぞれの関係の整理に役立ち、重要と思われる原因と対策の手を打っていくために用いる。QC七つ道具の1つ。特性要因図は「話し合いの道具」ともいわ

れ、ブレーンストーミングなどにより作成し職場での問題点の改善、実験計画における要因の整理等によく用いられる」と説明されています。

　石川先生によると、真の特性とその代用特性の関係を技術的、統計的につかみ、真の特性が良くなり安定するようにするために、代用特性に関する作業標準、マニュアルなどを作るのだと云われています。結果ではなく、その原因について作業標準などを作らねばならないことを強調されています。いいかえると、特性要因図を作り、真の特性に重要な影響を与える代用特性（原因、要因）が一定になるように作業標準や手順書、マニュアルを作るのです。

　皆さんの現場における清掃方法や洗浄方法について、このような観点で見直してみませんか？従来よりも、より目的がはっきりとした作業標準・手順書・マニュアルができると思います。食品衛生7Sの遂行のためにも、ぜひ、この"特性要因図"を活用してください。

【参考図書】
1) 日科技連品質管理リサーチ・グループ編「品質管理教程　管理図法」（改訂版）、1962、日科技連出版
2) 石川馨「新編・品質管理入門」、1964、日科技連出版
3) 石原勝吉、細谷克也、広瀬一夫、吉間英宣「やさしいQC七つ道具　現場の力を伸ばすために」、1980、日本規格協会
4) 細谷克也「やさしいQC手法演習　QC七つ道具」、1982、日科技連出版
5) 三浦新、狩野紀昭、津田義和、大橋靖雄編「TQC用語辞典」、1985、日本規格協会
6) 石川馨編「第3版・品質管理入門」、1989、日科技連出版

3.5 異物混入対策の根は同じ

　偶然による異物混入と悪意を持った故意の異物混入（多くの場合、農薬）とは、その影響という面では、大きな差があります。しかし、どちらも食品工場の現場で行われており、食品工場で4M管理による衛生管理や安全管理を的確に行っていれば防げるものと考えます。4Mの作業員、原料、機械、方法などの管理を的確に行うことにより、偶然による異物混入の確率を下げることができます。

　また、4Mの内の作業員・人の管理を的確に行い、自分の行う作業に誇りと責任を持つよう躾することにより、悪意を持って製品に毒物などを混入させ、自分が作った製品で人を苦しめるようなばかげた行為をしなくなるのではないでしょうか。

　偶然による異物混入と悪意を持った故意の異物混入の両者は、4M管理を徹底することにより、ともに防ぐことができます。4M管理を、聞き慣れない言葉と思う読者もいるかも知れませんが、HACCPによる管理の基本となるものです。

　食品安全ネットワークでは「食品衛生7S」による管理をHACCPの基礎となる管理だとしていますが、7Sの中でも手順書やマニュアルなどのルールを守る、なぜその作業をするかを理解するなどの"躾"は、特

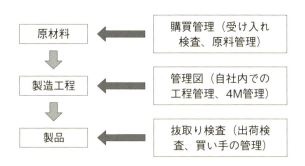

図3.5　恒常的に良い製品を得るために

に大事で、4M管理はそれに含まれるものといってもよいでしょう。

この章で述べたいことは、異物混入にともなう影響という面では、偶然による異物混入と悪意を持って行われた故意の異物混入とでは大きな差がありますが、どちらも工場内で異物が混入するのという点では同じです。それを防ぐ方法は、工場内に異物になるものを置かない、異物混入をさせないという意識を作業員全員に持たせるということです。具体的には、食品衛生7S活動の中で、4M管理を意識して行う、特に躾を通して作業員の心を正しい方向に向けることではないでしょうか。第4、5章では、これらの対策について具体的に詳述します。

 封水トラップを潜り抜けるゴキブリ

　食品工場へのゴキブリの侵入経路はいろいろあります。壁の亀裂、ドアの下の隙間…。そんな中、排水管からゴキブリが上がってこないようにするために、封水といって水をためてゴキブリが入ってこないようにしています。

　しかし、最近この封水の中を泳いでゴキブリが侵入してきていることがわかりました。水の深さや管の太さなどにも関係するのですべての封水から侵入できるわけではありませんが、水が少なかったり、管が細かったりするといろいろな所に足が引っ掛かって封水を潜り抜けてしまうのです。

クロゴキブリ

参考文献：家屋害虫　三浦大樹ら
31（2）：85～88、2009年12月

写真提供：イカリ消毒株式会社

5S・7S ファミリー

　食品関連企業の実践事例では、3S、4S、5S などと称しているところがありますが、すべて、清潔を目的としており、そのレベルは「微生物レベルの清潔」です。そこで、「微生物レベルの清潔」を目的としている"○S"（○には、2、3、4、5、6、7、8…などの数が入る）を、「食品衛生7S ファミリー」と称しています。

　食品衛生7S ファミリーの活動により、工場内を清潔にして、異物混入のない企業になってください。

食品衛生7S ファミリー
- 清潔を目的とする○S 活動は、すべて7S ファミリーである
- 4S（整理、整頓、清掃、清潔）
- 5S（整理、整頓、清掃、躾、清潔）
- 7S（整理、整頓、清掃、洗浄、殺菌、躾、清潔）
- 8S（7S＋Sで始まる熟語、整備、守備、…）
- 9S、10S…

　2014年5月に、新しい「食品衛生7S ファミリー」が加わりました。厚生労働省は従来の総合衛生管理製造過程が国際的に認められるHACCPにはならないことを自覚し、管理運営基準に新たに「HACCPによる仕組み」（国際的にも認証される内容のHACCP）を導入しました。そのHACCPを実践するときには、清潔を目的とする5Sが必要であるとする「食品製造におけるHACCP入門のための手引書」を2014年10月に発表しました。2015年7月時点で、乳・乳製品編、食肉製品編、清涼飲料水編、水産加工食品編、容器包装詰加圧 加熱殺菌食品編、大量調理施設編、と畜・食肉処理編、食鳥処理・食鳥肉処理編、漬物編、生菓子編、焼菓子編、豆腐編、麺類編の13業種に関する手引書が公表されています。異物混入やフードディフェンスを問題とするときには、一度は見ておくべきものでしょう。

第4章

食品衛生7Sで防ぐ異物混入―実践方法

4.1　食品衛生7Sのクレーム削減効果

　平成25年（2013）度に東京都が処理した食品苦情の14%が異物混入によるものです（図4.1）。

　平成25年（2013）末に大手外食チェーン店で発生した異物混入事件以降、一般消費者の眼がますます厳しくなっています。食品業界全体で異物混入クレームは増加傾向にあり、異物混入対策の強化が大きな課題となってきました。

　発生した異物混入に対して、原因を究明し再発防止策を実施することも重要ですが、それでは"モグラたたき"にしかならず、抜本的な対策としては不十分です。そこで注目されるのが、食品衛生7Sです。

　食品工場で品質管理業務に従事していた筆者も異物混入クレームに悩んだ時代がありました。しかし、その時取り組んだ食品衛生7Sで、クレーム処理から劇的に開放されました。図4.2に、その効果を示します。横軸は、食品衛生7S活動のスタート前とスタートしてからの年数です。縦軸は、活動スタート前のクレーム発生件数を100とした場合の、発生率を示しています。活動スタート1年後、クレーム発生率は増加傾向を示しました。しかし、2年目から徐々にクレームが減り始め、結果的に3年間で約1/9まで減少するに至りました。特に、約半数あった異物混入のうち、工程由来の異物混入は3年間の活動で、ほとんど見られなくなりました。あわせて、原料由来の異物や包装不良など、検品精度が要求されるクレームも削減することができました。食品衛生7Sは、異物混入を発生させない製造環境を作るだけでなく、"躾"の効果で従業員の意識が自然と向上します。それが相乗的な効果につながったと考えられます。

　このグラフで気になるのは、活動1年目においてクレームが増加したという点ですが、この傾向は他社の食品衛生7S活動においても途中経過として見られることがあります。7S活動の一環として行った清掃強

化で、それまで潜在していた異物が顕在化するようになったためと考えられます。一過性の増加傾向なので活動を継続すれば、必ず良い結果が出てくるので、結果を信じて活動を続けましょう。

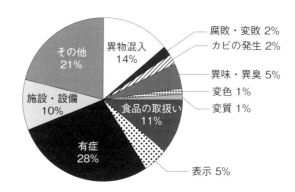

出典：東京都福祉保健局HP「食品衛生の窓」

図4.1　東京都における苦情処理の内訳（平成25年度）

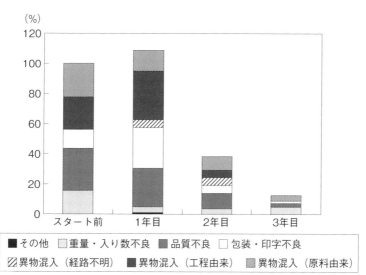

出典：米虫節夫編、角野久史、衣川いずみ著「やさしいシリーズ9 食品衛生新5S入門」、P70、日本規格協会、2004

図4.2　クレームの発生比率と内訳

4.2　異物は歩く

　クレーム処理をしていた頃、出てくる異物は多岐にわたりました（写真4.1～4.6）。思い知ったのは、異物は発生した箇所でダイレクトに製品に混入するとは限らないということでした。次のような経路をたどって製品に混入した事例もありました。

　　異物となりうるものが加工室内で発生する（備品が壊れるなど）
　　⬇
　　異物が床に落ちる
　　⬇
　　従業員の靴裏や台車に付着して、異物がほかの加工室に移動する
　　⬇
　　従業員が架台に上がったり、荷物をテーブルに載せた際に、異物が架台や作業台に上がる
　　⬇
　　異物が従業員や容器に再付着し、原料投入などの作業の際に製品に混入する

　食品工場では考えられうる多くの異物混入対策が取られています。それでもクレームが発生するのは、想定しえないまさかの経路で混入が起きているからです。「異物には足がある」と思ってもよいでしょう。ゆえに、工場内のどこであれ、異物となりうるものの存在を許してはいけません。異物混入の抜本的対策は、"工場内で異物となりうるものを存在させない"活動で、それがまさに食品衛生7Sなのです。

写真 4.1　破損した備品から出たプラスチック片

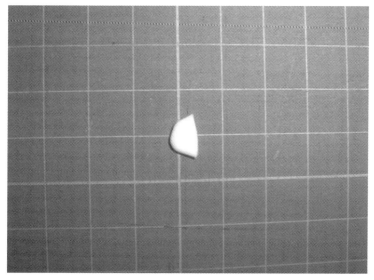

写真 4.2　巻き付いた毛髪

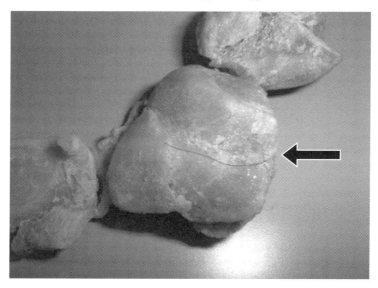

写真4.3 手袋片

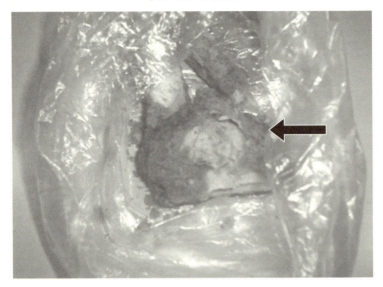

写真4.4 原料袋の切片

写真 4.5 原料段ボールのバンド片

写真 4.6 冷蔵庫のパッキン片

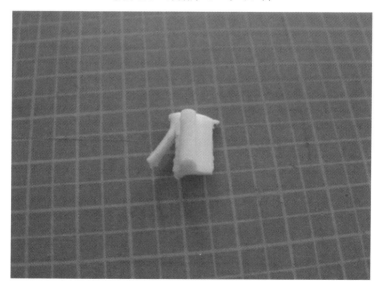

4.3　異物となりうるものが存在しない環境のつくり方

異物混入の観点から有効と考えられるのは、以下の5つの"S活動"です。

　　整理
　　整頓
　　清掃・洗浄
　　躾

ここで、異物となりうるものが存在しない環境をつくるという観点で、食品衛生7S活動で必要なポイントを紹介します。

4.3.1　整理

1)　"要らない物"の定義

　工場内に存在する物品は、あらゆるものが異物になりえます。例えば、破損した備品を放置すれば、その断片が異物になります。廃版となった資材を放置すれば虫が湧き、これもまた異物になりえます。従って、生産に必要のない物は工場から排除する、これが異物混入対策の観点から見た"整理"です。

　整理は要らない物を捨てるシンプルな活動ですが、"要らない物を捨てましょう！"と現場に声がけしても、不用品が現場で0になることはありません。

　なぜなら、何が要らない物なのか、人によって判断基準が異なるからです。捨てましょうと声がけする前に、まずは"要らない物"の定義を工場内で統一する必要があります。例えば、"1年以上使っていない物、かつ、今後も使う予定が無い物"のような具体的な判断基準です。

2)　要らない物への未練

　多くの現場は、物を捨てたがらない傾向があります。いかにも使いそ

うにない物でも、いつか使うかもしれない、何かの時のために取っておきたいと思うようです。"捨てろ"、"捨てない"の押し問答に陥らないために、使いそうにない物への未練を断ち切るステップが必要です。

図4.3は、捨てるに捨てがたい物を捨てるための「保管品札」です。"捨てろ"、"捨てない"と揉めるものがあれば、一定期間この保管品札を添付しておきます。添付期間をあらかじめ決めておき、期間を過ぎるまでに一度でも使用することがあれば、保管品札を外して"要品"扱い（置き場所を決め表示する）にします。期間を過ぎるまで一度も使用されることがなければ、"不要品"として廃棄処分します。このように、一定期間を設けることによって、現場の物への未練を断ち切ってもらいます。

保　管　品　札		
保管品名	計量カップ	
保管ライン	シーフードライン	
保管期限	～2005.10.31	
	品質管理	ライン責任者

用／不用に悩む物は、保管品札を添付して一定期間保管し、その間使わなければ、期限を過ぎた時点で廃棄

図4.3　保管品札

3) 備品管理

クレームとなった異物を分析しても、原因が特定されるケースは決して多くありません。自社責任か否かが断定できぬまま再発防止策を講じても、現場は納得しないまま対策をとらされるので、再発防止が徹底されません。従って、発生した異物の原因が極力わかるよう、工場内で使用する備品を可能な限り把握しておきたいものです。工場に持ち込んだものはあらゆるものが異物になりうるので"持ち込み禁止品"のような

ネガティブリストでは、原因究明の観点からいうと不十分です。筆記用具、洗浄用具を統一するだけでなく、製造備品（ヘラ、お玉など）もできる限り、一定の業者から同じシリーズで購入したいものです。

また、クレームで多いビニール片の対策として、工場内で使用するすべてのビニール素材のサンプルをリスト化しておく必要があります（図4.4）。ビニール片は見た目では原因が特定しづらいので、外部の分析機関で材質や厚みを測定した結果（写真4.7）をこの包材リストと比較すると、原因が特定しやすいです。リストには工場で使用する製品包材だけでなく、原料包材、配送用の梱包資材なども含まれます。

包材リスト						
包材名	使用ライン・製品	材質	厚み	メーカー	現物見本	

図4.4　使用包材の一覧表

4）老朽管理

壊れた物は異物になる恐れの高いものです。壊れた物を平気で放置している現場はクレーム発生率が高い傾向にあります。破れたダスター、ボロボロのスポンジなど（写真4.8）、異物になりそうな物があったら、すぐに現場から撤去する"くせ"をつけなければなりません。「壊れた物はすぐに撤去！」を合言葉に、壊れた物を放置しない現場を作りま

写真4.7 クレーム品の材質分析（外部機関に依頼）

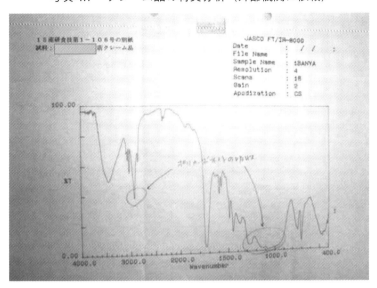

しょう。

　整理・整頓の活動を進めると、収納ツールも増えてきますが、収納ツール自体も破損しやすく、それも放置してはいけません（写真4.9）。

4.3.2　整頓

　要る物の置き場と置き方と置く数を決めて表示をつけることが"整頓"です。整頓が直接異物混入対策につながるわけではありませんが、"整理された状態"を維持するために、整頓はなくてはならないものです。なぜなら、現場をいったん整理しても、しばらくするとすぐに要らない物が溢れてきます。そこで、要る物に表示を付けると、勝手に増えた"要らない物"が一目でわかるようになります。

　この活動で忘れてならないのは、表示のついていない物は管理されていない物であるから、不用品は廃棄し、要品は表示をつけなければならないということです。表示がついていない物が平気で放置される現場は、整理された状態が維持できません。異物混入は、そのような状態か

写真4.8　老朽管理されていない洗浄用具・消耗品

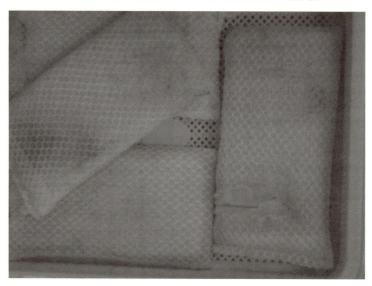

写真4.9　老朽管理されていない収納ツール

ら発生するのです。
　効果的で維持しやすい整頓方法のポイントを以下に述べます。

1）置き場所
　整頓を維持するコツは、置き場所をコントロールすることです。写真4.10の事例を見てみましょう。配電盤の上に発注書やコード表が"チョイ置き"されています。この状態を工場長が見たら、「誰だッ、こんなところにモノを置いて！」と叱るでしょう。しかし、この現場には、実は書類を汚さずに保管しておく作業台や事務机がないのです。そこで、しょうがなしに置けるスペースを探して、チョイ置きをしているのです。こういう場合は、適切な置き場所を確保しなければいけません（写真4.11）。
　一方、写真4.12の事例を見てみましょう。作業台下のすのこに平パレットを置くと、何でも置けるようになり、とても便利です。しかし、気安く物が放り込めるので、要らない物が堆積しやすくなります。この

写真4.10　適切な置き場所が見つからない悪い事例

写真4.11　置き場を作った良い事例

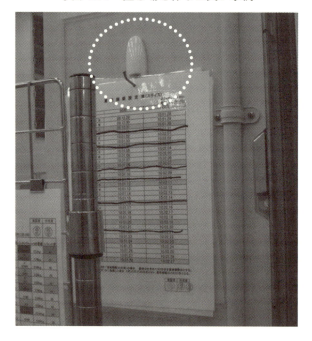

写真4.12　置き場所がありすぎる悪い事例

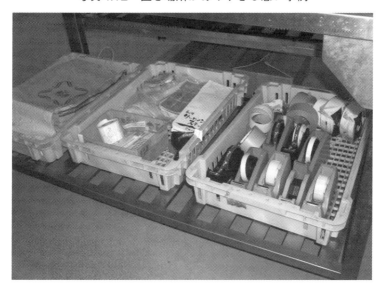

ように、場所がありすぎても、整理・整頓が徹底されにくくなるのです。こういう場合は、不要な置き場所を撤去するのも一つの方法です（写真4.13）。

　整理・整頓が進まないとき、「整理・整頓しろ！」と現場を叱咤激励するだけでなく、"場所"が適切に準備されているかどうかを検証しましょう。

　また、物の置き位置が現場の作業導線と合っていないと、持ってきた物を元の場所に戻さなかったり、余分に持ってくる動作が見られるようになります。物の使用頻度と置き位置の関係は意識したいものです。

　例えば、切り替え毎に使用する工具をその都度工具掛けのある別室に取りにいかねばならないと、現場はつい"隠し工具"や"My工具"を保有したくなります。使用頻度の高いものは手元に、使用頻度の低いものは、遠くに置くのが整頓の基本です（図4.5）。

　必要な物のみが、必要な所に必要な量だけある状態、それが異物混入を防ぐ第一歩です。

写真4.13　不要な置き場所をなくした良い事例

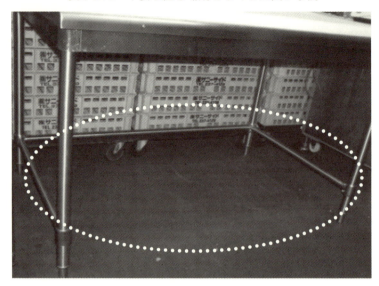

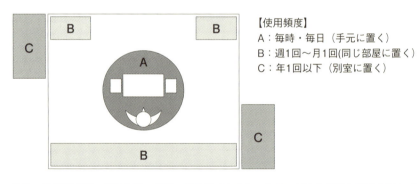

【使用頻度】
A：毎時・毎日（手元に置く）
B：週1回〜月1回（同じ部屋に置く）
C：年1回以下（別室に置く）

出典：米虫節夫編、角野久史、衣川いずみ著「やさしいシリーズ9 食品衛生新5S入門」、日本規格協会、2004

図4.5　使用頻度と置き位置

2）置き方

　物の使い方によって、置き方も変わってきます。一般的に、工具は工具掛けで定位置管理されることが多いです（写真4.14）が、設備トラ

写真4.14　工具の定位置管理

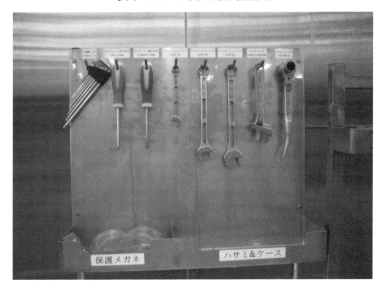

ブルで急ぐ時、工具置場まで工具を取りに走り、工具一つ一つを工具掛けから外す動作は、効率的とはいえません。当事者から見ると、緊急時は工具一式をまとめて持っていけるようにしたいはずです。その事例が写真4.15です。同じ工場でも、使い方によって置き方は変えてよいのです。形にこだわりすぎず、使い勝手を考えた置き方の工夫が必要です。

　また、蓋・扉がついた収納場所は、取る手間・戻す手間が掛かるうえ、中身が見えないと管理の目が行き届きにくくなります。

　例えば、典型的なのは清掃用具です。掃除ロッカーに入れると、扉を開けて見ないと中がどうなっているかわかりません（写真4.16）が、壁掛けすれば、1本足りなければすぐに気づくことができます（写真4.17）。外せるものは、蓋・扉を外し、"見える化"するとよいでしょう。

　引き出しも管理の目が行き届かない保管場所の一つです。引き出しにしまうと中がどのような状態なのか、開けてみないとわかりません。整

写真4.15　緊急時用の工具

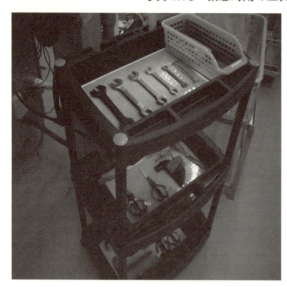

※カートごと、必要工具一式をトラブル現場に持っていく

写真4.16　扉を開けないと、"見えない化"

写真4.17　管理しやすい"見える化"

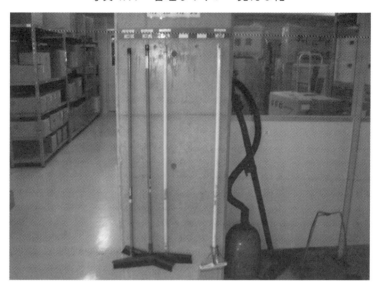

理・整頓を進めるうえで、引き出しはなるべく使いたくない収納ツールの一つですが、どうしても使いたい場合は、できるだけ透明で中身が見えるものを採用するとよいでしょう（写真4.18、4.19）。

　中身が見えるようにおかれていれば、不要なものがあってもすぐにわかります。整理、整頓状態を維持するうえで、見える化は必須です。

3）置く数

　物の紛失は、製品への混入の可能性もあるため、定数管理は異物混入の観点からも重要です（写真4.20）。

　置く数を決めておかないから、物が増えても気づかず不良在庫が増えます。一方で、備品が定数を割ってもそれに気づかず、作業に必要な時はよそのラインからこっそり拝借してくるので、物の位置が変わります。整頓状態を維持するためには、定数を設定しなければいけません。作業に合わせて必要数を見極め、必要数だけを置けるように場所をコントロールしましょう（写真4.21）。

写真4.18　一見整って見えるが、引き出しを開けて見ないと、中は"見えない化"

写真4.19　引き出しの中の乱れが"見える化"

写真4.20 原料段ボールから出てきたボールペン

4）表示の付け方

　表示は、決めた置き位置・置く数を"見える化"することで、物の勝手な移動と不用品の増加を防ぐ役割を持っています。表示があるから定位置にない物を発見することができますし、表示のついていない物があれば、管理されていない物が放置されているのではないかと疑ってかかることもできます。

　表示の貼付で悩むのは、物の置き位置が頻繁に変わる場合です。このような場合、表示を固定するやり方はナンセンスです。置く物とともに表示も移動できるよう、マグネットやフック式を採用するとよいでしょう（写真4.22）。

　表示は、7S状態を管理する人にとっても、管理がしやすいものでなければなりません。例えば、写真4.23の事例です。数の多い物は、個数表示だけでなく、あるべき数を枠線で表示します。すると、いちいち本数を数えなくても、今ここに何個あるか一目でわかって管理がしやす

写真4.21　置く数と置く場所

【悪い事例】置く数を決めて、置き場所がそれ以上にあると、自然と物が増えていく

【良い事例】置く数を決めたら、必要数しか置けないようにする

写真 4.22　置き位置が変わる場合の表示方法

海苔の製品倉庫。
中元・歳暮の時期は倉庫が満杯になり、毎日置き位置が変わる。

天井にロープが張り巡らされている。
製品表示は、ハンガーを利用し、ものの移動とともに付け替えできるようになっている。

写真 4.23　囲み線の活用
数を数えなくても、不足数が一目瞭然

くなります。

　時折、表示をつけることが目的になり、"つけて終わり"になっている現場を見かけます。表示と現物が一致していなくても誰も気にしない現場は、実は管理者が整理・整頓を意識していないことが多いです。管理者が普段から、表示と現物が一致しているかどうかをチェックし、表示通りに物を置くよう現場を躾けて、はじめて整理・整頓状態が維持できるようになります。

　異物混入防止対策のためにも、"つけて終わり"にならないように、現場責任者や担当者は普段の作業の中で表示と現物の一致を確認しましょう。

4.3.3　清掃・洗浄

ペンキ片、コンクリート片、ボルト・ナット、木片、ビニール片、ゴム片・シリコン片など、工場で使用する資材や設備、建材の一部が破損・脱落して、異物になるケースは多いです。先にも述べたように、異物は歩くので工場内で発生した異物を放置してはいけません。

清掃・洗浄は、発生した異物を排除する作業です。異物の観点から特に気をつけたい清掃箇所は3ヶ所です。

1）床

床への直置きがなくても、4.2に示す通り、床から異物を持ち上げる動作は意外とあるものです。設備の足回り、架台・パレット下などの床面は、汚れが流れ込み堆積しやすいので、隅々まで丁寧に洗う癖をつけましょう。「作業台は丸く拭かず、隅々まで四角く拭きましょう」と習いませんでしたか？　同じように、床も隅々まで四角く掃除しましょう。毎日の掃除が難しい箇所は、定期的に堆積した汚れを除去し、よそへ流れていかないようにしなければなりません（**写真4.24**）。そのための清掃計画が必要です。

2）天井

横引き配管、空調の吹き出し口、配線・レールなどの、頭上設備は異物が堆積しやすい箇所です。一方で、頭上設備のメンテナンスは高所作業になることが多いので、定期清掃や修繕の計画が立てられていない工場が多いです。定期的にほこり・粉だまりを除去し、塗装や断熱材の剥がれは修繕する必要があります（**写真4.25**）。

二社監査や第三者審査では、多くの監査員が上を向いて歩いています。頭上設備の清掃状態を見ると、その工場の管理レベルがわかるからです。

写真4.24　架台の足回りの清掃

写真4.25　空調吹き出し口の清掃

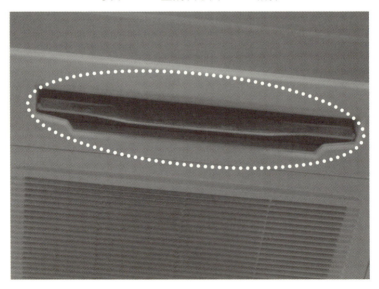

3）収納ツール（棚・引き出し・コンテナなど）

7S活動を推進すると、備品や用具などを収納する棚や引き出し、コンテナなどが増えます。これら収納ツールも使い込んでくると、中にゴミが溜まったり、不要物や持ち込み禁止品が奥の方に隠れていたりするようになります。従って、収納ツールそのものも定期的に清掃・洗浄し、その際に不要物がないか確認する必要があります。収納ツールは物を入れたら終わり、ではないのです。

4.3.4 躾

躾は、異物混入防止に絶大な効果を持っています。異物となりうるものが工場に存在しないようにするためには、最終的には従業員一人一人が"異物センサー"としてその感度を磨き、異物になりそうなものに対して敏感に反応するようにならなくてはなりません。

・通路にゴミが落ちていたら、気づいた人が当り前のようにゴミを拾って、ごみ箱に捨てる（見て見ぬふりをしない）。
・ボルトやナットが落ちていたら、どこから落ちたかと大騒ぎになる（ボルトやナットが落ちていることが普通ではない）。
・毛髪が帽子から出ていたら、気づいた人が「あ、髪の毛出てるよ！」と声をかける（髪の毛が出ていることが異常なことに思える）。
・現場同士で、原料や製品の選別精度を競争している（形だけの選別をしない）。

などなど、異物に対する感度が上がれば、怖いものはありません。

しかし、一方で、7Sの中で最も難しいのが"躾"です。整理・整頓・清掃・洗浄・殺菌は、"物"に対峙していればよかったわけですが、"躾"だけは、人が相手で感情が絡むからです。理屈を並べても論理的に間違っていなくても、相手を"やろう、守ろう"という気にさせなくては意味がありません。そもそも、"躾"という言葉はやたら上から目線です。現場のベテラン職人を新人の品質管理担当が"躾"ようとしようものなら、一発で反感を買ってしまいます。筆者も躾に悩む時代があ

りました。

　現場の躾に悩む若手の管理者に提案したいのは、"現場を躾よう"と力まずに、まずは現場に向き合って丁寧な対話を心がけることです。

　例えば、異物クレームが工場で発生したとします。現場に周知しなければならないので、従業員が集まる朝礼等で、クレーム内容や対策について話をします。これで、躾たと思ったら、大間違いです。何十人と集まる朝礼で、まじめに話を聞いてくれている人は前2列までの従業員です。後ろに並ぶ従業員の多くは、「早く朝礼が終わらないかな」とか、「また品管がうるさいことをいっている」くらいにしか、話を受け止めていません。

　そこで、さらに現場に出向きます。休憩時間や空き時間を使って、ライン責任者だけでなく、関係する従業員全員を集めて、クレームについて話し合います。実作業を振り返り、どんなところに原因があったか、作業者1人1人に考えてもらいます。こちらから再発防止案を出してもよいですが、品質管理担当者やライン責任者だけで再発防止を決めてはいけません。必ず、従業員を含めて手段を考えます。なぜなら、品質管理担当者やライン責任者だけで決めた再発防止は、頭で理解できても、感情が納得しなければ身につかないからです。自分たちで考え自分たちで決める、品質管理担当者はむしろそのプロセスをサポートする。この活動が躾につながります。

　こちらが再発防止案を提示すると、現場は「できない」ということもあるでしょう。この時、できない理由を教えてくれるのは、ありがたいことです。「できない」と否定してきたら、なぜできないのか具体的な理由を聞きましょう。

　現場には"できない理由"がいろいろとあります。人員配置や作業時間の制約や技術的な問題、合理的な理由はなくても、"できない"と感情が先走ることもあります。まずは、現場のできない理由を一通り聞きましょう。どんな場面においても、話を聞くことは大事です。人は、自分の話を聞いてくれた相手に対して、自分を受け止めてくれた、という

安心感を抱くようになります。これで現場との距離が一歩縮まります。

次に、できない理由が本当にできないことなのか、感情が否定しているだけなのかを冷静に見極め、こうしたらできない？と別案を出してみましょう。ここは交渉術です。また、「できない」と現場はいうかもしれません。そうしたら、また話を聞き別案を提示し、の繰り返しで、お互いが目指すゴールの接点を何とか見出します。

現場の「できない」という言葉に聞き飽きたら、「どうしたらできる？」と逆のフレーズで聞いてみてもよいでしょう。職人の世界は不思議で、「できる？」と聞くと「できない」というけれど、「どうしたらできる？」と聞くと、「どうやってもできない」と答える人はいません。それが職人のプライドです。「〇〇があったら、できると思う」などのように条件を出してくれば、その条件を満たす環境をつくればよいわけです。

人が足りないといわれれば人の工面をし、時間が足りないといわれれば生産管理と交渉して時間を工面する、できる環境をつくってやるのが管理者の役目です。それは現場の仕事、と相手任せにしないことです。

相手の話を聞いて相手の立場を理解して、どうやったらやれるかを一緒に考えて、やれる環境づくりをする。そういう姿を見て、相手は少しずつあなたを信用し、やってやろうか、と思ってくれます。

結局、躾とは"対話"なのだと思います。やらそうと無理強いするより、"人の気持ちにどうアプローチするか"ではないでしょうか。

4.4 マネジメントの重要性

　食品衛生7S活動は2年、3年と継続して初めて、目に見えて結果が出てきます。継続するためには、活動が楽しくやりがいのあるもので、従業員一人一人の積極性を引き出す場とならなければなりません。

　間違っても、やらされ感たっぷりで、委員会が億劫であるような活動になってはいけません。従事者が7Sを"嫌々やらされている"と感じる工場は、たいがい以下のような取り組みによって、従事者のモチベーションを下げているようです。

① 　毎月7S委員がパトロールで、現場の7S不備を洗いざらいチェックします。パトロール要員は不備を見つけるのが仕事ですから、大きい不備から重箱の隅をつつくような不備まで、とにかく目につくものを頑張って指摘します。人によって、見る目も違い、その都度現場は振り回されます。

② 　7S委員会で①を報告すると、同席している工場長に現場責任者が叱られます。指摘事項があると怒られるので、パトロールが憎らしく思えてきます。指摘される順番が終わるのをひたすら頭を低くして待ちます。

③ 　洗いざらい怒られると、どのように改善するかは現場に一任して委員会が閉会します。翌月改善した状況を報告すると、改善方法が気に入らないと工場長に叱られて、さらにモチベーションが下がります。また、改善にかける時間より、翌月の委員会で改善報告するための資料づくりに時間がかかるので、事務仕事が増えて億劫になります。

④ 　工場長はいつも"安心安全のため、7Sはやって当たり前"といっています。改善したところで、褒められるわけでもなく評価されるわけでもないので、頑張りがいがありません。

⑤ 　大きいものから重箱の隅をつつくものまで、指摘事項が多すぎて、翌月の7S委員会までに改善できません。未改善のものが雪だるま式に

増えても、パトロールは一向に手を緩める様子もなく、指摘事項がさらに増えます。気が重くなる一方です。

⑥ "掃除ができていません⇒掃除しました"では、一過性の改善にすぎず、数ヶ月すると同じような指摘を受けます。横展開もかけていないので、同じような指摘を毎月どこかの部署が受けています。なので、何年やっても工場が良くなった気がしません。

このような場面に当てはまる事例があれば、今の7S活動のやり方を見直すべきです。現場に"達成感"や"楽しさ"を持たせて、メリハリのある活動にするためには、いくつかの運用ポイントがあります。

4.4.1　7S委員の選定

食品衛生7S委員の選定は活動の成功の是非を決めますから、間違っても、現場で一番暇そうな新人社員を7S委員にしてはいけません。なぜなら、7S委員は、掃除の担当者ではなく、現場従事者全員に7S活動を実施させるマネージャーだからです。従って、現場を動かすだけのマネジメント力がある人を7S委員に任命します。

一方で、現場改善に意欲のありそうな人も何名か7S委員に加えます。そういう人が良い改善事例をつくってくれると、現場の力で物事が変えられる喜びや褒められる心地良さを周りに広め、積極的でないメンバーを良い方向に引っ張ってくれます。

何年も同じメンバーで7S活動をやっているとマンネリ化するので、7S委員は1年間など期限を決めて活動を行います。メンバーを定期的に変えることでマンネリ化を防ぐとともに、工場内の7S委員経験者を増やします。7S委員の経験者は自身も苦労した経験があるので、委員を降りても活動に協力してくれます。

4.4.2　7S方針・目標の設定

食品衛生7S活動のカギを握るのは、実はトップの"思い"です。7Sを否定するトップはいませんが、どこまで重要視しているかはトップに

よって異なります。従事者は、トップが口先だけで7Sを語っているのか、本心から7Sの重要性を語っているのかを十分見抜いているので、トップの7Sに対する"想い"と従事者が7S活動にかける"情熱"とは、おおむね比例します。クレームやトラブルがあった時だけ、念仏のように"整理・整頓"を語っても効果はありません。普段から7Sの重要性を語り、7Sを気にかけていることをトップ自らが態度で示す必要があります。

7Sはあるべき姿が漠然としていて、長期間取り組んでいると目指す方向が見えなくなります。7S活動のマンネリ化を防ぐためには、毎年の目標を設定し、全員が目指す工場の姿を共有しなければなりません。例えば、"7Sを実践することで、顧客監査の成績をBからAに上げよう"などのように、具体的にイメージしやすい目標（なりたい姿）が必要です。前述したように、7S委員は期間限定の委員であるため、その期限内で達成できるような目標を設定し、最後に達成度評価を行います。すると、活動にメリハリがつくようになります。

また、何年も7S活動に励んでいる工場であれば、「不用品見直し月間」「床清掃強化月間」など毎月の強化項目を設定すると、さらにマンネリ化を防ぐことができます。ただし、強化項目を掲げるだけでは意味がありません。具体的に、どんなところを、どんなふうに強化したいかを委員会で決めて活動しましょう。

4.4.3　再発防止の必要性

掃除ができていません⇒掃除しました、は最も不毛な改善事例です。なぜなら、掃除ができていない原因は解消していないので、数ヶ月すればまた同じような指摘を受けるからです。一過性の改善で満足している工場は、何年たっても進歩しません。そんな非効率な7S活動は、やめましょう。

やるべきは、なぜ掃除できていなかったのか、根底の原因を特定し、再発防止につなげる改善です。掃除ができていないと指摘される原因は

いくつか考えられます。掃除の担当者や清掃頻度が決まっていなかった、とか、清掃方法が適正でないため汚れが落ちない、などです。その場合は、担当者や頻度、方法を見直し、清掃体制そのものを改善する必要があります。

　指摘事項のいくつかは現場だけで改善できず、人員配置や作業時間の考慮や品質管理の専門的な知見が必要となる場合もあります。改善を現場だけに任せず、委員会を改善策を考える場として活用し、意見を出し合いましょう。特に、現場だけで根本的な見直しが難しそうな指摘事項は、指摘が出た段階で委員会の課題にあげ、原因を推定し改善の方向性を話し合っておきます。その方が、改善した後にやり直しさせられるより無駄がありません。

4.4.4　進捗管理・達成度評価

　現場の進捗を考慮せず、7Sパトロールが毎月指摘事項をあげていくと、指摘事項だけが借金のように増えていきます。この状況は、モチベーションを下げるだけでなく改善の取りこぼしも出て、非効率的です。それを防ぐためには、いくつかのポイントがあります。

　7Sパトロールは、現場の対応能力やキャパを見て、優先順位の高い指摘から改善を求めましょう。指摘事項の数にこだわらず、一つ一つの指摘を確実に改善する方が、長い目で見て現場の成長が早いです。その代わり、指摘した事項は確実に対応することを求め、進捗管理を現場任せにしないことです。翌月のパトロールでは前月の指摘事項が改善されたかを確認することが重要です。

　筆者が指導する7S活動では、委員会で各ラインからの改善報告を行いません。現場は報告資料づくりに時間をかけるより、現場の改善に時間を費やせ、といっています。その代わり、前述したとおり、パトロールが改善状況をチェックし、その結果をパトロール要員が委員会で報告しています。報告する事項は、優れた改善を行い他部署への展開を推奨する事例と未改善であった事例のみです。ただ単に「改善しました」と

いう報告は、時間の無駄なので行いません。

　指摘事項を絞ると改善スピードが遅くなるような懸念があるかもしれませんが、指摘事項の一斉横展開を掛ければ、改善スピードははるかに上がります。一部署で指摘された事項は、たいがい他の部署でも同じような状況が発生しています。従って、他の部署でも同じような状況が発生していないか、各部署が確認することを翌月までの課題とし、問題があれば同様に改善を行います。

　最後に、食品衛生7S活動の達成度評価について述べます。従事者の7S活動へのモチベーションが上がらない要因の一つは、達成度評価が機能していないことにあります。その最たるものが、トップの"7Sはやって当たり前"という言葉です。工場に勤めるものはほぼ全員がサラリーマンですから、"やって当たり前"としか評価されないことを頑張る人は少ないです。7S活動には、頑張っている人が評価され、頑張らない人が叱責される正当な評価体制が必要です。

　また、評価者は現場に直接足を運んで、実際に自分の目で改善事例を見て評価して欲しいと思います。現場に入れば工場全体の変化を肌で感じることができますし、現場の気持ちも締まります。会議室の発表だけでは、改善内容より発表手腕の是非で評価結果が左右されてしまう傾向があります。

　1年前に委員会が発足した当初の指摘事例を写真で振り返ると、この1年でどれほど工場が進化したかがよくわかります。いかに自分たちが頑張ってきたか自画自賛し、互いに褒め称えましょう。それとともに、今後の課題も見極め、次年度目標を決め、次年度の委員にバトンタッチしましょう。活動を主導する事務局のマネジメント力に期待します。

　今後は、"楽しくやれる7S活動"をテーマに、運用方法を見直してみてはどうでしょうか。「7S委員をやってよかった！」「7S活動、結構面白かった！」といってくれるような従事者が出てきたら、あなたの工場の7S活動は成功したものと思ってください。

4.5 食品衛生 7S 活動で安心・安全のレベル向上へ

　食品衛生7S活動は、食品衛生7S委員会を中心に全社的に行わなければ効果は上がりません。食品衛生7Sの目的は、第1章でも書きましたが、微生物レベルの清潔です。この清潔レベルを達成できれば、異物混入だけでなく、食中毒の発生も防ぐことができます。
　積極的に食品衛生7S活動を推進し、安全・安心のレベルを向上させましょう。

7Sとコミュニケーション

　風通しの悪い会社、階層間のコミュニケーションが弱い会社は、えてして7S活動が苦手です。

　例えば、倉庫に廃棄してもよい製品サンプルが山積みされていて、倉庫管理は製造部の責任だがサンプルは研究開発部の所有物である場合、製造部が勝手にこのサンプルを撤去するわけにはいきません。開発部門がなかなか7Sに協力してくれないと、製造部門も困惑するでしょう。

　このように、7Sは部門間協力が不可欠な事例もあります。風通しが悪い会社は、この部門間を超えた7S活動が苦手です。担当者に任せていても調整がうまく進まない場合は、7S委員会が主体となって、動きの悪い部門に調整を促さなければなりません。

　また、製造責任者と現場のコミュニケーションが弱い会社は、なぜ現場で7Sが進まないのか、真の原因を掴めないことが多いです。現場は7Sが進まない多くの要因を抱えています。人が足りない、時間が足りない、用具が足りない、などです。一生懸命掃除しているのに汚れが落ちない、という悩みを抱えている現場を"7Sをやっていない"と頭ごなしに叱っては7Sが進まないばかりか、モチベーションを下げてしまいます。なぜ進まないのか、現場から生の声を的確に吸い上げ、清掃方法を助言したり、進まない要因を解消する活動が必要です。

第5章
食品衛生7Sで行うフードディフェンス

5.1 悪意のある異物混入

5.1.1 異物混入について

　食品安全を考える上で異物混入とは、"消費者が食べることによって食中毒や怪我などの危害を与える可能性のある物質が、食品自体に混入、または食品に付着している状態"です。通常は金属やガラス、プラスチック片といった硬質異物が製品や包装中に混入することを表しますが、殺虫剤や洗浄剤といった薬品の混入も多くの場合は異物混入として取り扱われています。ただ、フードディフェンス（食品防御）を考えた場合の異物混入はもう少し範囲が広くなり、食中毒や怪我が発生しないようなものであっても、企業に対して苦情の対象となるものを含める必要が出てきます。虫や毛髪が代表的な例でしょう。従って、直接危害が発生しなくても、企業に損害を与える可能性がある、本来製品に入ってはいけない物全般を異物混入の対象と考えなければなりません。

写真5.1　異物混入事例（毛髪）

しかしながら、企業としての営利活動を考えるとすべての要因について対策することは難しく、やはり重篤性と発生頻度を評価した上で、自社で重点的に管理する必要があるものを中心に管理の程度を変えるべきでしょう。また基本的な活動として、食品衛生7Sでも説明している整理（混入の可能性があるような物を原料や半製品、製造ラインの近くに置かない）や、整頓（無くなった場合に容易に気づくような置き場所や保管数の管理）は最低限の活動として実施すべきです。多くの異物混入は日常的な衛生管理手順の見直しで防止することが可能です。

食品企業において異物混入は、絶対に避けなければならない問題であり、企業全体が全力で防止に取り組まなければならない仕事です。その上で自社の製造工程や作業環境で"どのような異物の混入要因があるのか"、"その可能性"は、また混入によって製品にどのような影響を与えるのかを分析し、効率的に取り組む必要があることも事実でしょう。

5.1.2　製造工程中の異物混入リスク

「野菜の浅漬け」を例にとり、工程中の異物混入について説明します。

通常は、異物混入の要因である納品時に原料が汚染（異物の混入）されている場合や、原料や製品に接触する機械・器具、備品などが適切に洗浄されていないことによる残渣や洗浄剤の混入、毛髪・虫などの環境中からの汚染などを考慮して衛生管理の手順を定めます。いいかえると、混入する異物の特性や混入の起こりやすさを考慮し、清掃・洗浄の手順や施設や設備、器具等のメンテナンスの仕組みを構築することになります。

「野菜の浅漬け」の例では、原料受入れ時に付着している可能性がある土砂や虫などの異物を洗浄工程で除去すること、製造に使用する機械や器具、備品から異物が混入することがないように使用する洗剤、道具を決めて、定まった手順に従って清掃・洗浄を行うこと、また従事者の私物や毛髪が混入しないように持ち込みルールや工場への入室手順を定めて実行することなどが主に実施されている取り組みです。

写真5.2 浅漬けの原料

写真5.3 包装作業場

表5.1　野菜の浅漬けにおける異物混入要因とその管理事例

No.	製造工程	異物混入の危害要因	衛生管理手順
1	原料受入れ	・原料に虫などの異物が付着	・洗浄工程で除去する
2	保管	・保管中に混入する可能性は低い	—
3	カット	・包丁の刃の破損による混入 ・作業者の毛髪混入	・包丁の作業前後の点検 ・正しい作業服の着用、粘着ローラーの実施
4	原料の洗浄・殺菌	・洗浄機の洗浄不足による残渣等の混入	・洗浄マニュアルに従った機械の洗浄
5	下漬け	・タンクの洗浄不足による残渣等の混入 ・作業者の毛髪混入	・洗浄マニュアルに従った機械の洗浄
6	脱水	・脱水機の洗浄不足による残渣等の混入 ・作業者の毛髪混入	・洗浄マニュアルに従った機械の洗浄 ・正しい作業服の着用 ・粘着ローラーの実施
7	充填・包装	・充填機の洗浄不足による残渣等の混入 ・作業者の毛髪混入	・洗浄マニュアルに従った機械の洗浄 ・正しい作業服の着用 ・粘着ローラーの実施
8	金属検出	・包装後なので混入の可能性は低い	—
9	梱包		
10	保管		
11	出荷		

　また、使用する器具等の材質や使用環境によっては、それらが破損して混入することも考慮する必要がありますから、使用前の点検や定期的なメンテナンスを行い、それでも混入する可能性がある場合は金属検出工程やX線による異物検出工程を加えることもあります。いずれにしても、混入する異物の特性と混入の可能性を考慮して、重要な工程については作業手順を定めて混入を防止したり、除去する工程を加えたりすることで効率的かつ確実な製造工程管理を行っています。

5.1.3　悪意を考慮した製造工程中の異物混入リスク

　次に悪意を持った人が製造工程中で異物を混入する可能性を考慮した場合の危害要因について考えてみます。結論としては、悪意を持って異物を混入しようとした場合、製造工程のほとんどの段階で行うことが可能となります。

　理由は第一に、食品工場内では、原料や半製品が容器に入れたり包装されない状態のままで置かれている時間が長いという点です。特に事例である「野菜の浅漬け」の製造工程では、原料を段ボール箱から取り出した後は作業台に置いたり、スライサーから出た野菜をカゴなどで受けたりする場合など、多くの工程で原料や半製品が容器や包材に入れられずに置かれています。そのような時間が長いと意図していなくても異物混入の可能性が高まるので、当然ながら意図するとより可能性が高くなるはずです。逆に、配管や密閉タンクを用いての輸送や混合などを行う飲料などの製品は環境中に開放される時間が短いため、異物混入のリスクは比較的低いと考えられます。

　第二の理由は、工場内で日常的に使用している器具などを洗浄・殺菌するための次亜塩素酸ナトリウムや洗浄剤、メンテナンス用の油脂類などの薬剤、また作業に使用するプラスチック容器やネジなどの機械部品を容易に入手できる点です。

　また、多くの企業では、多くの異物や薬剤などを外部から持ち込むことが可能であり、持ち込み禁止ルールや持ち物チェックだけでは防止しきれません。混入するための材料が工場内や工程の近くに存在しているという事態が管理を難しくしていることもまた事実です。

　さらに、混入した異物を検出する方法としては、金属検出機やX線異物検出機がありますが、検出が可能な物質は、製造する食品と密度が異なる金属やガラス、骨、プラスチック等の材質ですので、毛髪や虫、薬品を検出することは困難です。食品の工場環境と製造工程の実態から評価すると、異物混入のリスクは全般的に高く、悪意のある異物混入のリスクを完全になくすことは困難であるといえます。

写真5.4 金属探知機

表5.2 浅漬けの製造工程における悪意のある異物混入

No.	製造工程	悪意のある異物混入
1	原料受入れ	原料に硬質異物や薬剤を混入する可能性がある
2	保管	保管時に混入する可能性がある
3	カット	カット作業時に混入する可能性がある
4	洗浄・殺菌	洗浄剤や殺菌剤の量を意図的に変更する可能性がある
5	下漬け	下漬け保管時に混入する可能性がある
6	脱水	脱水時に混入する可能性がある
7	充填・包装	充填・包装時や包装後に混入する可能性がある
8	金属検出	連続作業なので困難だが、金属検出機の設定を変更し、検出を無効にすることができる
9	梱包	梱包時に混入する可能性がある
10	保管	保管時に混入する可能性がある
11	出荷	出荷時に混入する可能性がある

写真5.5　カット野菜の下処理工程

5.1.4　悪意を持った異物混入を防止することはできるのか

　前述の通り食品工場では、原料や製品、また製造工程の特性から、ほぼすべての工程で意図して行えば異物を混入することが可能です。従って、悪意を持って異物混入を行おうとした場合はこれを物理的に防止することはほぼ不可能と考えるべきでしょう。

　2013年の年末に発生した冷凍食品企業の農薬混入事件を振り返っても、当該企業では持ち込み可能（又は禁止）物のルールやポケットの無い作業服、また器具や備品の定置定数管理は行われていたはずです。おそらく意図的な異物混入を考慮した一定レベル以上の対応策も講じられていたでしょう。そのような工場であっても意図して異物混入を行った場合には、結果的に実行できたことは事実であり、他の多くの企業でも同様のケースが起こった場合には防止できるとはいえないでしょう。

　昨今フードディフェンスの取り組みのひとつとして話題にあがっている防犯カメラの設置は、抑止効果にはなりますし、混入や事故が発覚した後に調査をするにはとても有効です。しかしながら何か問題があって

からでないと録画した映像を見ることはありませんので、混入そのものを防止することはできません。

　工場内の入退室管理などの電子的なセキュリティについても、多くのシステムが紹介、販売されていますが、いずれも完全に防止できるとまではいえないでしょう。

　多くの食品は、製造時に従業員の手が原料や製品に触れます。触れなければ製造できないという特性上、完全な防止策はないものと考えざるを得ません。私たちは、このような現状を理解しつつ、ハードだけに頼らず総合的な対応策を検討する必要があります。

写真5.6　防犯カメラ

5.2 悪意はなぜ起こるのか

5.2.1 悪意とは

"悪意"とは、広辞苑（第六版）によると、「①他人に害を与えようとする心、②わざと悪くとった意味、③ある事実を知っていること」、とされていますが、ここでの悪意は①の意味が該当します。

フードディフェンスを議論する際に、フードテロという言葉を用いる場合があります。テロという言葉は2.1.1でも説明しましたがテロリズムの略語で、テロリズムは、"政治目的のために、暴力あるいはその脅威に訴える傾向、またはその行為（広辞苑　第六版より）とされ、ここでいう"悪意"とは異なります。従って、外部からの心理的、物理的な影響をきっかけにして他人に害を与える可能性のある状態ととらえることができます。

一方で、食品工場においてフードディフェンスを考える場合、確かにフードテロを考慮することは大事なことかもしれません。1984年にアメリカで宗教団体によるフードテロが発生していますが（2.3.3参照）、これまでに日本で発生した意図的な健康危害を加えた事件を振り返っても、個人的な恨みや特定の企業を狙っての危害であり、政治的な側面はありません。

1985年に除草剤パラコートを飲料に入れて自動販売機に置き、13名の方が無くなった無差別連続毒殺事件が発生していますが、こちらは犯行声明がなく、また犯人も逮捕されていないため、詳細は不明です（2.3.4参照）。だからといって日本でフードテロを考慮する必要がないとはいえませんが、初めから無差別に危害を加えること、場合によっては殺害するという意思を持って行動する個人や団体に対して企業がこれを防止することは非常に困難であるといわざるを得ません。

ここで考え、防止策を進めたいのは、悪意が起こらないような企業の体制、仕組みをつくることで、万が一悪意が起こった場合でも、行動に

移し難い、また行動をとったことが速やかにわかる管理の仕組みです。フードテロと悪意による食品危害は、近い現象ではありますが、別次元のこととして対応すべきでしょう。

5.2.2　悪意が起こる過程

　企業は人が集まることで成り立っています。企業には社会の中で存在するための役割があり、役割を理解してそれを全うするために活動することで、企業活動の継続が可能となります。

　食品製造企業では、美味しい食品、安全な食品を提供することが社会の中での役割です。そのような製品を提供することで消費者が自社の製品を購入し、利益を得ることで会社が存続できるのです。しかしながら、企業の中では部門などの役割分担があり、業務の目的はそれぞれ異なります。その目的が異なると、部門の利益と企業全体の利益が異なる場合も起こりますので、企業全体としては利益があっても個々の部門や個人に利益がない場合、または利益が少ない場合があります。

　例えば、会社の利益を確保するために給料を削減し、クレームを減らすために特定の部門だけ機械の洗浄回数を増やすといったことをよく耳にします。

　このようなことが起こると個々の部門や個人にとっては不利益になり、不利益を被ったと受け止めた個人は組織からの悪意と受け止めてしまいます。悪意はこの段階で発生すると考えられます。

　ただし、自分にとって悪い影響があっても必ず悪意が発生するというわけではありませんし、悪意が発生したからといって必ず何か行動するということでもありません。企業の考え方や自分自身の役割を理解していれば悪意が発生することも行動を起こすこともないでしょう。

　つまり、企業として悪意ではない目的を持って行っているということをしっかり理解させる必要があるということになります。会社の考えを伝え、従業員に理解させるということは当たり前の行為です。ただこの当たり前のことができていない企業が多くあるということは、2013年

末に発生した冷凍食品企業による農薬混入事件の第三者検証委員会報告書に"従業員のミッションの欠如"と書かれていることから見ても、理解していただけることと思います。

 ## 食品工場で問題となるネズミ

　食品工場では、ネズミによる食害やネズミの毛の混入などが問題になります。過去にはネズミがまるまる1匹混入してしまった事例もあります。そのため、ネズミに対する対策を食品工場では実施しています。

　ネズミといっても食品工場で問題になる種類は限られており、ドブネズミ、ハツカネズミ、クマネズミが特に問題となるネズミです。

　現在、ネズミ対策は非常に難しくなってきています。

　その原因のひとつがネズミの毒餌への耐性の獲得です。今までネズミ対策で毒餌を使っていたのですが、最近では毒餌を食べても死なないネズミが見つかっています。

　もうひとつの原因は、クマネズミの能力の向上です。クマネズミはそもそもパイプや壁をよじ登ったりすることができるのですが、その能力が非常に向上しています。また、学習能力も非常に高く、トリモチのような粘着トラップも避けたり、飛び越えたりしてしまいます。

　毒餌も効かない。頭脳も運動能力も向上している。このように現在はネズミとの知恵比べに勝たなければネズミ対策が成功しないようになってきています。恐るべし、ネズミ!!

クマネズミ

写真提供：イカリ消毒株式会社

5.3 なぜマニュアル通りの作業が必要か

5.3.1 食品の難しさ

　食品は通常、自然界に存在する素材を使用して製造されます。つまり野菜や穀物などの植物性素材、また食肉や魚肉などの動物性素材ですが、多くの素材は天然の物であるがゆえに常に一定の品質であるとは限りません。食品の素材にはばらつきがあるという考えの下に、製造工程や品質管理を組み立てる必要があります[1]。

　また、食品の素材は動物や植物の細胞から構成されているため、微生物や物理的・化学的作用によって時間の経過とともに変化します。変化には変敗や腐敗、酸敗がありますが、いずれも素材を劣化させています。このような劣化は食品を製造するにあたって、美味しさや安全性に大きな影響を与えるため、意図的に変化させて用いる場合を除いてできる限り劣化を最小限に抑えて使用したいところです。もちろん製造している間にも劣化は進むため、いかに早く製品にして消費者に届けるかが、食品企業の腕の見せ所です。

---

①品種や種類によるばらつき
②産地によるばらつき
③収穫の季節によるばらつき
④部位によるばらつき
⑤個体差によるばらつき

食品素材のばらつき[1]

　惣菜などの製品では、製品となってからの劣化の速度が早いため、製造してから消費するまでの時間が3～5日程度と非常に短くなります。また消費する段階では加熱しないため、素材の劣化、特に食中毒菌の付

着や増殖については厳重に管理する必要があります。

> ①腐敗：タンパク質性食品が、微生物によって分解されて、変質すること（異臭、変色、ネト）
> ②変敗：脂肪や炭水化物が微生物によって分解されて変質すること（味は悪くなるが、有害物質の発生は少ない）
> ③酸敗：油脂食品が空気中の酸素、金属、太陽光線により酸化されて変質すること
>
> 食品の品質劣化の区別[1]

5.3.2 食品企業が考慮する危害要因とは

食品企業では、自社の製品による食中毒や怪我などの危害を防止するため、その発生要因を洗い出し、防止方法を定める必要があります。製造工程中の危害要因としては通常、

　①生物学的（病原微生物、ウイルス、寄生虫など）
　②化学的（ふぐ毒、きのこ毒、殺虫剤、洗浄剤など）
　③物理的（金属片、ガラス片などの硬質異物）

の3つに分類し、検討・抽出を行います。

一方、実際には食品企業で起こる苦情はそれ程多くありません。なぜなら、製造する製品にもよりますが、苦情の削減によく取り組んでいる企業では100万分の数個以下であることも珍しくありません。いわゆるppmオーダーと呼ばれているレベルで、この数値からさらに進めようとしてもそう簡単には削減できません。

企業単位の数値でもこのレベルですから、作業室単位や工程単位で見ると発生件数はとても少ない値になります。仮に100個製品を製造して10個の不良（不良率10%）が発生するような工場だと、恐らく原因は容易に見つかるはずです（しかし、不良率10%もの工場なら、きっと倒産してしまいます）。しかしながら、ppmのレベルになると不良の原

第5章　食品衛生7Sで行うフードディフェンス

写真5.7　手洗い手順を掲示して精度を向上

表5.3　作業マニュアルの事例

工程	管理ポ2イント	措置・対策
ミキサー清掃洗浄マニュアル（1F製造場）		株式会社○○　△△工場 作成：2014年8月30日
ミキサー部分の分解	①分解した部品は床に置かない。 ②お湯につける（40℃程度が望ましい）。 ③スポンジに洗剤をつけて洗う。スポンジは衛生的な物を使用する。	使用備品 ・ふきん ・たわし ・スポンジ
水洗い	残渣を十分に洗い流す	
洗剤による洗浄	①洗剤を十分に洗い流す。 ②水滴を十分にとる。	
すすぎ・乾燥	乾燥又はペーパータオルで拭き取る。	
消毒	消毒用アルコールを使用し、噴霧する。	アルペット
（毎作業前）組み立て	消毒用アルコールを使用して噴霧する。	
消毒		特記事項参照
特記事項 ＊外部から汚染されない構造の保管設備に保管できない場合は、アルコール等で消毒を行った後に使用すること。 ＊頻度は使用した作業後、作業前とする。		

127

因はそう簡単には見つからないでしょう。

　食品工場では、苦情を発生させる要因を予測しながら対策しなければなりません。いかに一つ一つの作業の精度を向上させるかが鍵になります。その精度を向上させるために必要なツールがマニュアルや手順書と呼ばれる文書です。特に食品は人の手を介して行う作業が多くなるので、人によって結果にばらつきが出ないようにあらかじめ作業手順を定め、作業を担当する人に伝える必要があります。

5.3.3　マニュアルは企業の財産

　食品企業では、一定の品質を維持するためだけでなく、安全性を確実にするための手段として、多くの業務について手順を定めています。手順の種類は多岐にわたり、製品品質に直接影響するような製造業務だけでなく、作業者が製品を汚染することのないように手洗いや作業服を着用する手順、使用する機械や備品などを衛生的に管理するための清掃・洗浄手順、また従業員の知識や技術を高めるための教育・訓練の手順も必要です。

　しかしながら手順は決めただけでは人に伝わりませんし、伝えたとしても時間の経過とともに忘れてしまい、手順が変わってしまうことも多々あるでしょう。従って、決めた手順は他の人に伝えられるように、また後で確認できるようにマニュアルや手順書として"見える化"する必要があります。手順を"見える化"することで間違いを防止するだけでなく、環境の変化に合わせて手順を見直すことも容易になり、改善を効率的に行うことが可能になります。

　人に間違いなく伝えられるということは、教育にも使うことができ、企業の活動全体にとっても有効なツールとなります。"見える化"は紙媒体とは限りませんし、文字とも限りません。最近では、写真や動画を用いてより理解しやすく工夫している企業もありますし、タブレットを作業場に設置して電子化したマニュアルを閲覧できるようにしている企業もあります。

写真5.8　タブレットを使用した作業マニュアル

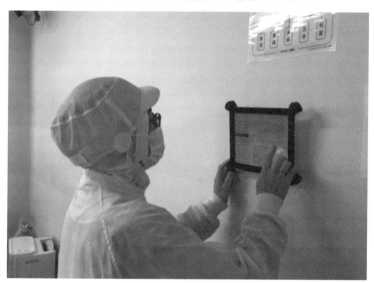

　ただし、業務の手順を一度決めても法令の変更や設備の導入、またクレームなどの発生による見直しなどで常に変わります。従ってマニュアルも手順に合わせて変化することは当たり前で、業務の内容と整合するように常に見直していく必要があります。マニュアルと実際の業務が異なっている事例をよく見かけますが、このような状態が日常になってしまうと現場の担当者としては"マニュアルは形だけのもの"から最悪の場合"守らなくてもよいもの"という認識になってしまい、絶対に守らなければならない神聖なものではなくなってしまいます。マニュアルが守らなくてもよい手順になってしまうと企業活動は成立しないといっても過言ではないでしょう。守るべきマニュアルは、食品と同様に"鮮度"も非常に大切なのです。

　「マニュアルは大切な財産」

　企業ではこのように考えて積極的に作成・見直しを行い、財産としてのマニュアルを育てて下さい。きっと従業員の認識が高まり、企業としての骨組みはさらに強化されるはずです。

5.4 ルールを守るための躾の三原則

5.4.1 良いマニュアルを作成しても守らなければ意味がない

　食品企業にとってマニュアルは製品の品質、安全確保のために重要なツールであることは先に説明しましたが、いくら正しい業務の手順をマニュアルとして定めても、それを守らなければ意味がありません。食品は、一人のミスや怠慢が原因でその日の製品すべてが使用不能になり、最悪の場合は食中毒などの事故の発生につながります。決めたことを全員が確実に守るというのは当たり前のことですが、企業にとって最も重要なことであり、また最も難しいことでもあります。

　東日本大震災が発生した2011年3月11日、千葉県にある東京ディズニーリゾートでも地震による大きな被害を受けました。3月の冷たい雨が降る中、落下物等の恐れがあるという理由から建物からゲスト（観光客）は出てもらわざるを得なくなりました。この時キャスト（従業員）は、ゲストに対して防寒具や食料として、お土産屋さんにあるタオルや食べ物をすべて無料で提供しました。これは当時のニュースでも話題になりましたので今でも覚えていますが、この行動はマニュアルに書かれていたわけではなく、キャストが自分自身で判断してとった行動であったことに驚いたものです。

　この行動は一見マニュアルとは関係ないようにも見えますが、決して関係ないということはありません。総合的な防災訓練を年4回、建物ごとの防災訓練を年170回実施しているという日頃の訓練の効果が大きいといえます。しかし、訓練だけでは想定外の行動に十分対応できません。やはり業務に適したマニュアルが作成されていること、そして各キャストが自分の役割と業務の手順を十分理解した上でそれを守って行動していることでとっさの事態に対応できたのです。

　良いマニュアルを作成し、常に業務に合うように見直すことは企業として重要な機能ですが、マニュアルを使用する人々が会社の役割と自分

の任務、そして業務の手順を理解していないと本当の意味で安全な製品を提供することはできないでしょう。

5.4.2　怒ることイコール躾ではない

　定めたルールを全員に守らせることは決して容易なことではありません。企業では、正社員だけでなく派遣社員やパート・アルバイトといった雇用形態、またベテランから新人まで様々な人が働いており、立場や考え方の違いから業務やルールに対する受け止め方も異なってきます。また、実際に業務を行う工場では様々な変化や問題が発生するため、定めた当初は適切なルールであっても時間が経過することで適切ではなくなるケースも多々起こります。

　しかしながら食品企業では、そのような難しい状況であっても一定の品質を確保し、食品事故を防ぐ必要があるため、定めたルールを守ること、ルールが必要な結果を出すための適切な内容であることは必須の事項となります。

　そのような状況であるにもかかわらず、ルールが守られていないことを発見した場合に一律に怒る場面を見かけますし、実際に部下を怒ったという責任者の話を聞くことがあります。

　"怒る"ことと"叱る"ことは似ている言葉ですがまったく意味が違います。"怒る"ことは感情にまかせて大声を出したり、咎めたりすることで、"叱る"ことは問題点やその理由を説明し、理解させることです。

　企業は指示命令系統が明確であり、厳しく統制されることは必要なことですが、だからといって一方的に怒るようでは上司と部下の信頼関係は築けません。信頼関係が築けないと、企業理念や自分自身の役割といった最も大切な部分が伝わらなくなってしまうおそれがあります。正しく意図を伝えるには、ルールが守られていなかった場合の対応についても気を配る必要があります。

　食品安全ネットワークで提唱している食品衛生7Sでは、躾をうまく進めるポイントとして「躾の三原則」を提示[3]していますので参考にし

ていただきたいと思います。

　部門の業務に責任を持つ管理者は、なぜルールが守られていないか十分に情報を収集した上で実態を把握し、状況に応じた適切な処置をとる必要があります。

---

　①ルールを知っていて、ルールを守らないなら、厳しく叱る
　②ルールを知っているが、ルールが守れないか守りにくいなら、
　　ルールを見直したり、改訂しルールをうまく守れば褒める
　③ルールを知らなかったなら、納得するまでルールを教える

躾の三原則[3)]

5.4.3　ルールを守る環境づくり

　2008年に発生した中国製冷凍餃子への薬物混入事件が発生した時もフードディフェンスについて議論がありましたが、日本国外のことであることから食品企業では具体的な動きはあまりありませんでした。しかし、2013年の末に発生した冷凍食品企業での薬物混入事件は日本国内のことで、食品業界全体で大きな議論が行われました。

　日本では従来から性善説という言葉が用いられ、人に悪意があるという前提で考えることは得意としていませんが、この事件を機に悪意を前提とした仕組みを取り入れる動きが強くなってきたことは否定できません。しかし、業界や顧客からいわれたからといって、防犯カメラを社内に設置し、持ち物検査を始めると説明されても、仕方ないと素直に受け入れられる人はそう多くないでしょう。疑われて気分が悪くならない人はまずいませんから、ハードを導入するといった積極的な防止策や悪い人を探すような方法は極力避け、まずはお客様に良い製品を届けるために全員で衛生・安全管理を推進するような活動をすべきです。

　この点においても食品衛生7Sはとても有効です。食品衛生7S活動を

行うことで工場の衛生環境を改善しつつ、従業員の意識を高めることが可能になります。

これらを社員全員で取り組み、PDCAサイクル管理（図5.1）を行うことで、従業員の士気を上げ、コミュニケーションも活発になってきます。食品衛生7Sを活用することで無駄なルールのない、わかりやすいルールと全員でルールを守る環境をつくることができます。

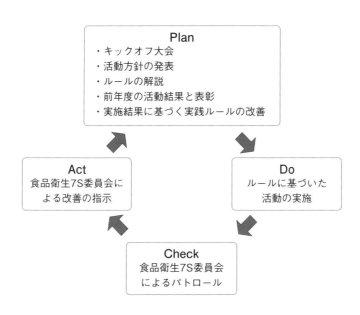

図5.1　食品衛生7SのPDCAサイクル[4]

5.5 労務管理によるフードディフェンス

　様々な面で日本の企業が大きな転換期を迎えたのはバブル崩壊（1990年頃）の時期だといわれています。その中で、企業の労務管理にも大きな影響がありました。バブルの崩壊前は、会社は家族という認識が多く見られました。

　従って会社は従業員を、現場教育（OJT）を中心に我が子のように育て、年功序列、終身雇用が一般的な考え方でした。

　その後、バブル景気の崩壊で急速に経営が悪くなり、"会社は家族"という認識は一気に薄れてしまいました。会社が売上や利益を優先した結果、年功序列や終身雇用はなくなり、仕事の成果で個人を評価するシステムに変わったことで、雇用形態は大きく変化したのです。多くの企業でリストラが行われ、正社員以外にも派遣社員やパート、アルバイト、また外国人労働者も多く雇用されるようになりました。

　これまでの日本の雇用システムを考えると、このような環境の変化の中で会社と従業員、また従業員同士が価値を共有し会社への忠誠心を期待することは難しいともいえるでしょう。

　一方、若者の考え方も社会の変化に伴って変わってきました。明確な定義はありませんが、テレビゲームや携帯電話が普及した時代に育った若者のコミュニケーション力については企業で多くの議論が行われています。

　この世代の人たちは、ゲームに没頭することでコミュニケーションが少なく、失敗してもリセットすることで最初からスタートできるという感覚から持続力が弱いように見えます。また携帯電話はコミュニケーションのツールとしては大変便利なものですが、現場の状況や相手の様子を考慮しながら対話する能力を低下させたともいわれています。

　これらは決して悪いと決めつけることではなく、社会の変化によって企業で働く人々の意識も変わってくると考えるべきでしょう。社会の変

化により、これまでの日本では考えられなかったような意識の変化と行動があると考え、企業は様々な対応をとっていく必要があるのです。

5.5.1 従業員が充実した気持ちで働けない会社は良い製品を提供できない

会社の方針や取り組みについて議論する際、従業員満足という言葉を聞く機会が多くなってきました。良い製品を消費者に提供するには物理的にも精神的にも充実した状態でなければならないというのは確かに理解できます。

臨床心理学者のハーズバーグは、モチベーションに関係する要因について、"動機づけ要因は満足が得られると、ポジティブな職務態度をもたらすが、衛生要因は満足されないと不満を引き起こす力が急速に増大する反面、たとえ充足されてもポジティブな職務態度にはつながらない"と説明しています[5]。ここで動機づけ要因と衛生要因は、業務や雇用条件に関する要因のことで、従業員のモチベーションを上げるには、従業員の雇用条件や人間関係を解決するだけではなく、仕事の責任を与え、達成感を得させ、成長を促すような取り組みが必要です。

会社にとって経営者の能力は重要な要素ですが、経営者だけでは会社は運営できません。労務管理やモチベーションについての理論や具体的な取り組みは多くの書物で解説されていますが、大切なのは個々の部門や業務に携わる従業員がどうしたらさらに能力を高め、力を発揮することができるのかを全員で考えることではないでしょうか。

動機づけ要因：達成、承認、仕事そのもの、責任感、昇進、自己成長など直接仕事に関連する要因
衛生要因：会社の政策や管理方法、作業条件、人間関係、給与水準など、職務環境に関連する要因のこと

従業員のモチベーションに関係する要因[5]

5.5.2　安全な食品をつくるのは人

　人の生命や健康に直結するという点では、食品製造業はかかわる人の重要性が高いといえるでしょう。従って、食品安全に対する会社の考え方を従業員に伝え、その考えをいかに統一するか、そして従業員をどのように育てるかが企業にとって重要な鍵になってきます。

　食品衛生7Sにおいても、経営者の率先垂範は非常に重要なことと位置付けています。またPDCA管理を行うことで、具体的な目標や手順を定め、全員参加で工場の改善に取り組みます。そして実施できたかどうかをチェックし、うまくいかなかったときは再度徹底させるとともに手順の見直しを行いますが、うまくできた場合は表彰してさらに努力してもらえるように促します。

　このようにして食品衛生7Sでは、全社員の意思を統一して目標を定め、コミュニケーションを密にとりながら全員が決めた手順を守って、定めた目標を達成することでさらなる高みを目指すのです。食品衛生7Sは、現代の企業に必要とされる従業員満足やコミュニケーションを高める要素をその構造の中に持っているといえます。

　食品は、人の生命や健康を維持するという重要な機能を持っていますが、さらにおいしさとともに生活の楽しさを提供する素晴らしい製品です。もちろんそのような製品に異物が混入され、食中毒になったり怪我をしたりしてはいけませんから、つくられた製品が安全であることは必須の条件です。食品の製造に携わる方々は、素晴らしく、また人にとって重要な製品を消費者に提供する仕事に就いているという誇りと責任を持っていただきたいと思います。

　食品衛生7Sは、従来の工業5Sを食品企業が使いやすいように項目を追加し、構造を変更した総合的な衛生管理活動であることはすでに説明しましたが、従来の工業5Sから項目や構造で大きく変わったと感じる方は少ないかもしれません。しかし改めて内容を確認すると、食品衛生7Sは食品企業に合った合理的な活動であることがわかります。つまり、無駄な物を工場から無くしてより効果的に微生物レベルの異物や微

第5章　食品衛生7Sで行うフードディフェンス

生物を除去し、食品安全の重要性を従事者全員で理解した上でルールを守る。それらの結果として食品企業の目的である清潔を達成するという点は、現代の食品企業に必要とされる能力ではないでしょうか。また食品衛生7Sは、下図のように各項目が異物混入防止にも機能し、直接的な現場の改善にも効果を発揮します。

従って食品衛生7S活動のそれぞれのSをしっかり管理し、PDCAで運営することによって、清潔な環境を維持し安全な製品をつくることが可能になるのです。食品企業の皆様は、作業現場の改善だけでなく、管理力、ひいては組織力の向上にも効果を発揮する食品衛生7S活動にぜひ取組んでみてください。

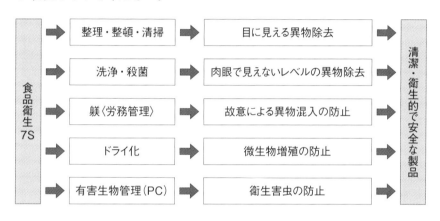

図5.2　食品衛生7Sによる異物混入対策

(参考文献)
1) 米虫節夫編著、角野久史、冨島邦雄著、「こうすればHACCPができる」、日科技連出版、1999. P-3
2) 米虫節夫編著、冨島邦雄、角野久史、西井成樹、粟津宗之、多田晶著、「やさしい 食の安全」、オーム社出版局、2002　P-5、
3) 角野久史編著、食品安全ネットワーク著、「フードディフェンス－従業員満足による食品事件予防」、日科技連出版、2014　P-32
4) 米虫節夫監修。角野久史編集、「やさしい食品衛生7S入門　新装版」、日本規格協会、2013　P-37
5) DIAMONDハーバード・ビジネス・レビュー編集部、「新版　動機づける力　モチベーションの理論と実践」、ダイヤモンド社、2009年　P-15

第三者委員会

　第三者委員会とは、犯罪や企業不祥事などの社会に多大な影響を与えるような大規模な事件・事故が起こった場合に、利害関係のない第三者によって組織される委員会です。第三者委員会は、発生した事件・事故を分析し、問題点や改善策などを企業に提言する組織で、その使命を"経営者等自身のためではなく、すべてのステークホルダーのために調査を実施し、それを対外公表することで、最終的には企業等の信頼と持続可能性を回復すること（日本弁護士連合会）"としています。

　これまでは経営者の指揮の下、企業の内部で調査を行い、報告することが多くありましたが、内部調査では客観性が不足し疑念を払拭できないことから、最近では学識者や専門家、また消費者団体などの第三者に依頼することが多くなっています。

　前章で説明しました、冷凍食品企業による農薬混入事件の第三者検証委員会の報告書ですが、こちらでも事件の経緯や組織としての問題点、今後取り組むべき事項や考え方が様々な立場の方、また収集した多くの情報から評価・検討され、まとめられています。具体的には、事件の予兆を捉えられなかったことや事故発生後の対応の問題点、事件を招いた背景や組織及び社会への提案などがまとめられ、食品企業にとって非常に有益な情報が多く記述されています。特に、セキュリティの強化といったハードウェア面だけでなく、ミッションの理解や組織体制の見直し、従業員だけでなく地域とのコミュニケーションなどのソフトウェア面を充実する点については一見の価値があります。

　同様に2008年に発生した中国製餃子による薬物混入事件についても第三者検証委員会報告書がインターネットで公開されていますので、品質保証、品質管理部門の方はダウンロードしてご覧いただき、自社の仕組みの参考にしていただきたいと思います。

第6章

事例-1　明宝特産物加工食品衛生7Sからのステップアップ

6.1 食品衛生7Sへの取り組みスタート

　全社員が参加する食品衛生7Sの取り組みは、衛生管理の脆弱点が改善されて衛生レベルが向上し、HACCPやISO22000などの構築の基礎部分になります。食品衛生7Sの実践は、現場で決められたルールが守られるようになるので、一般衛生管理プログラムの観点からみても異物混入の予防になります。

　さらに、作業従事者の衛生管理に対する意識が高まるので、フードディフェンスの対応にも繋がります。結果的には食品衛生7Sの導入が、異物混入対策やフードディフェンスの両方に対応した衛生管理の仕組みづくりに繋がっています。

6.1.1　食品衛生7S導入のきっかけ
(1) 昔ながらの衛生管理

　明宝特産物加工株式会社の主力製品の"明宝ハム"は、着色料・防腐剤・酸化防止剤を使わず良質な豚肉を原料にした昔ながらの製法で、昭和28年から製造を開始しました。昭和63年1月には、第3セクターのハム製造販売会社『明方特産物加工株式会社』を設立。平成4年に、明方村から明宝村に改名され、商品名は『明方の宝』という願いを託した『明宝ハム』として、社名も『明宝特産物加工株式会社（以下は当社という）』となり、現在に至っています。

　食品衛生管理の取り組みは、食品衛生法等にかかわる項目や行政機関から指示される点などを実施していましたが、正直なところ長年の勘や担当者の経験で行われているだけでした。2000年のY乳業の事件以来、当時の高田徹社長は、いつも"何か事故が起こったら、どうなるか"、いうことを気にかけていました。会社を良くするために、"この会社に必要なことは何であるのか？"や"もっとお客様に喜んで頂くために、どうすればいいか？"を考え自問自答していましたが、具体的な答

写真6.1　明宝特産物加工（株）本社

えもなく対応するまでには至っていませんでした。

　当社における異物混入の問題は、毛髪と軟骨等の混入で、お客様からのお申し出がよくありました。恥ずかしいデータですが図6.1に、2004年からの異物混入等の製品不良の内訳を示します。2000年以来の多くの食品分野の事件・事故の影響を受けて、2008年までは新しい人材配置や包材不良による製品トラブルが毎年増加するという状態でした。その後、食品衛生7S活動などの効果が徐々に現れ、2009年にトラブル件数は激減し、その後もほぼ同様のレベルを維持できています。

　2004年8月に、原料倉庫の段ボールからネズミの糞らしきものが発見された為、ペストコントロールの専門業者にネズミの生息調査を依頼しました。当社の敷地内及び工場内の詳細な調査が行われましたが、施設内での目撃が無いこと、ネズミによる具体的な被害や痕跡はなく、工場内では生息・繁殖していないという結果が報告されました。

　その時、ペストコントロール担当者から、高田社長に「"昔ながらのおいしい"だけではなく"科学的な根拠に裏づけられた安全・安心でき

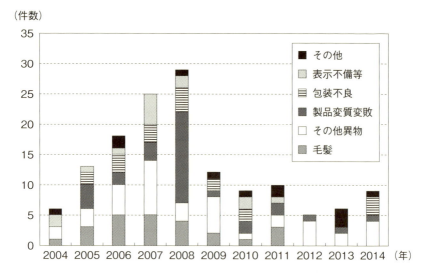

図6.1　製品不良の内訳

る明宝ハムを提供すること"を目指すことが必要である」といわれ、いくつかの項目が提案されました（表6.1）。その結果、トップマネジメントとしての高田社長は、防虫防鼠管理だけでなく5Sをベースにした新しい衛生管理構築に向けてスタートすることを決断し社内に宣言しました。現場の5S活動からスタートした当社の衛生管理は、のちに食品衛生7Sを導入することになりました。

表6.1　衛生管理導入に向けての提案内容

「長年の勘に頼った製造から脱却するには」 　→現場で5S活動の実践をスタートする 　① 科学的な根拠に基づいた生産体制の構築 　② 社員の教育と仕組み作り（組織化） 　③ 設備投資よりもソフト重視で行う 　④ 従業員が中心となった衛生管理体制の構築 　⑤ 次世代リーダーの育成 　※当初は、5Sでスタートしたが、のちに「食品衛生7S」に切り替えた

(2) 科学的な根拠による衛生管理へ

　現場では、清掃や洗浄・殺菌などは、作業としてはきちんと行われていましたが、清掃や洗浄・殺菌をする目的は明確ではありませんでした（写真6.2）。食品衛生コンサルタントの指導による食品衛生7Sのスタートにより、科学的な根拠に基づいた安全の構築や仕組みづくりへの移行が始まりました。

　清掃・洗浄において、どこまできれいにすればいいのか？という達成度（管理レベル）が決められていませんでした。その結果、それぞれの現場では担当者が指示に従って、清掃や洗浄の作業を真面目に行っているのですが、実施される作業内容は担当者によってばらばらな状態（結果）になっていました。それは、見た目のきれいさだけで食品衛生7Sの定義が共有されておらず、科学的な根拠も示されていなかったことが原因であったと思います。

　また、"いつ行うのか？　どこまでやるのか？"など、細かな内容が指摘されても、現場の担当者の中には、自分たちが指示された内容通り

写真6.2　標語だけは掲示されていた

真面目にやっていることを否定されたように思う人もいました。そこでATPふき取り検査法を用い、製造現場の汚れ具合（写真6.3、6.4）を数値化して見える化することにしました。目に見えない汚れが数値になり、その汚れ具合が"見える化"され、適切な掃除・洗浄の必要性が多くの人に理解されました。結果として、洗浄・殺菌の作業も、"自分達がしっかりやっているからいい"というレベルから、清浄度を数値化したデータで評価するようになりました。洗浄・殺菌後の汚れ具合を見える化したことで、微生物汚染に対する意識も大きく変化しました。

(3) 人づくりが会社力の強化

　当社の経営方針には、「地元の経済的な繁栄に寄与すること」が含まれています。そのため地元の企業として、各種イベントへの運営や協力には、積極的に対応しています。従業員は、この地域に居住する方を雇用しているので、操業当時から働いていた人だけでなくUターンなどで地元に戻って再就職をする人も多くなってきました。

　当社は、単なる食品企業ではなく、地域に密着した事業展開をおこない、経済的な繁栄に寄与することも目標になっているのです。コンサルタントの提案にあった従業員が中心となった衛生管理体制の構築と次世代リーダーの育成は、将来の事業拡大に不可欠な内容であったと思います。

　食品衛生7Sは、Sで始まる7つの言葉の定義を共有することから、実践活動がスタートします。食品衛生7Sの定義は、すぐに誰でもわかりやすい簡単な内容です。難しい言葉の勉強をするのではなく、現場で必要なことやできることから実践するので、人材の教育と継続的な訓練になります。「整理・整頓・清掃」の3Sが製造環境を整える土台となり、次の「洗浄・殺菌＋ドライ」が作業レベルを上げる活動になります。それらを、まとめていく大切な要素が「躾」であり、結果として「清潔な製造環境」となるのです（図6.2）。

　微生物レベルの清潔さを維持するには、現場で実践する人づくりが重

第 6 章 事例 -1 明宝特産物加工 食品衛生 7S からのステップアップ

写真6.3 ATP測定値の例 冷蔵庫の取っ手（RLU ＝ 7570）

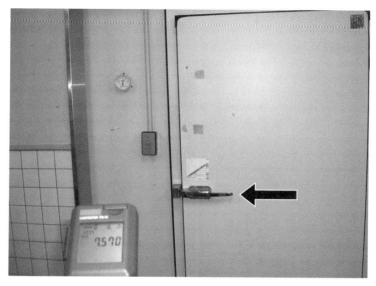

写真6.4 ATP測定値の例 ボイル室の取っ手（RLU ＝ 3195）

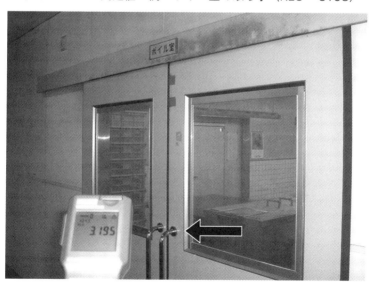

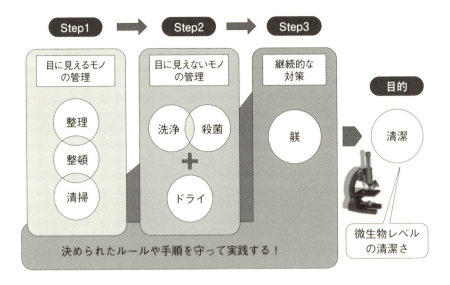

出典:月刊HACCP 2013年2月号 VoL19 P68

図6.2 製造環境整備の3ステップ

要なポイントです。たとえトップであってもルールを守り、全員が参加して実践することを忘れてはいけません。現場従事者が、ルールを守るようにするには、「躾の三原則」を意識しながら進めます。躾の三原則は、ルールを教えること、ルールの運用について考えること、そして、最後に守らない人を叱ることとなっています。躾による人づくりは、ルールに従ったメリハリのある実践活動をさせることにより、人材のレベルアップになります。食品衛生7Sに取り組むと、現場だけでなく会社全体の雰囲気が変わりますから、会社力が向上し体制の強化になるのです。すると、作業従事者は自分の作業に自信が持てるようになり、自社の製品の安全と安心に対する意識が高くなります。このように、食品衛生7Sの実践は、人材のスキルアップとなり、結果として会社力を上げることができます。

　食品衛生7Sの実践が進むと「食の安心・安全」の土台が確立します。衛生管理のレベルアップは、人づくりが基礎であり、会社全体で目

的を共有していくことであると思います。人づくりによって、組織力も向上するので、フードディフェンスの基礎になります。このように食品衛生7Sの実践は、異物混入対策だけではなく、フードディフェンスにも効果があります。

6.1.2　食品衛生7Sの取り組みから衛生管理もステップアップ

　食品衛生7Sの導入からHACCPやISO22000の取得を目指すには、経営資源（ヒト・モノ・カネ）を投入し、難しいことにチャレンジするというトップの決断がポイントであったと思います。その結果、食品衛生7Sを導入して、岐阜県の「食品HACCP推進優良施設」表彰を取得し、さらに、食品安全マネジメントシステム・ISO22000の取得に進むことができました。

　食品衛生7Sが定着すると、作業従事者に意識変化が起こり、衛生管理システムの土台はさらに良くなります。今では、従業員が中心となった衛生管理体制の運用も進み、その中から次世代リーダーとなる若手も育成されています。食品衛生7Sの導入により、全社で食品の安全と安心を構築する具体的な計画と目標を共有することができるようになりました。

（1）キックオフ大会

　2005年1月　食品衛生7Sの導入のキックオフ大会を行いました。食品衛生7Sの導入には、全社が一丸となって、全社員が参加したキックオフ大会を行います。トップだけが旗振りをして、あとは「現場で頑張ってやってくれ」ではうまく行きません。まずは、トップが食品衛生7Sを導入する理由や目的などを説明し、全員参加で最後までやり切ることをトップ自らが決意として宣言することです。最初の段階で重要なことは、トップの本気の姿を全社員に見せることであり、従業員任せにしてはいけません（写真6.5、6.6）。

写真6.5 キックオフ大会:食品衛生コンサルタントによる食品衛生7Sの説明

写真6.6 キックオフ大会:高田徹社長(当時)による食品衛生7Sの導入宣言

（2）一般衛生管理プログラムと連動

食品衛生7Sの実践をすると、HACCPの前提条件となる一般衛生管理プログラム（PRP：Prerequisite Program）の構築（図6.3、図6.4）に繋がります。食品衛生7Sのそれぞれの項目は、一般衛生管理プログラ

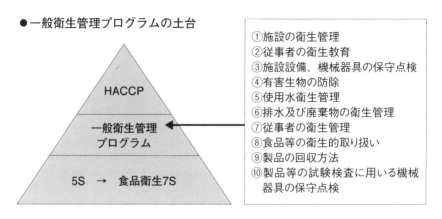

図6.3　食品衛生7SとHACCPとの関連図

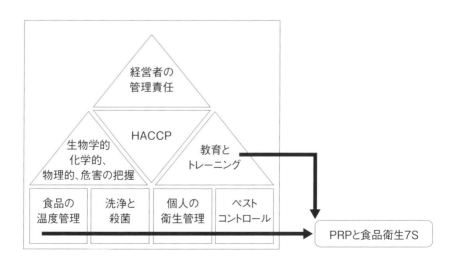

出典：2001年8月号月刊HACCP P110 米国コーネル大学ロバート・B・グラバーユ一部改編

図6.4　HACCPから見た食品衛生7S

ムに連動することができるのです（表6.2）。

　日常的に行われる作業は、製造環境の清掃や洗浄・殺菌であり、製品の安全性を高める作業です。食品衛生7Sの実践は、製造環境を清潔にする活動ですから、一般衛生管理プログラムの運用と同じことになるのです。難しい横文字で話すよりも、整理・整頓・清掃などの日本語で伝える方が、年配の方でも抵抗感なく「何の為行うのか（目的）」を理解してもらえます。現場で「しなければならないことをきちんと行うことができるようになる」のです。食品衛生7Sの言葉や定義の共有にポイントがあり、異物混入対策に繋がる仕組みの運用にも有効な手段です。

(3) HACCPシステムとISO22000

　HACCP構築やISO22000取得には、一般衛生管理プログラムの運用を強化することが必要です。一般衛生管理プログラムは、従業員の健康管理や製造環境の清潔さなどを維持する項目です。現場で作業をする人が、食品衛生7Sの「躾（マニュアルや手順書、約束事、ルールを守る）」

表6.2　食品衛生7Sと一般衛生管理プログラムの関連

	一般衛生管理プログラムの項目	食品衛生7S
①	施設の衛生管理	整理・整頓・清掃・洗浄・殺菌
②	従事者の衛生教育	躾
③	施設設備、機械器具の保守点検	整理・整頓・清掃・洗浄
④	有害生物の防除	整理・整頓・清掃・洗浄・(PCO)
⑤	使用水衛生管理	殺菌・清潔
⑥	排水及び廃棄物の衛生管理	整理・整頓・清掃・洗浄・(ドライ化)
⑦	従事者の衛生管理	洗浄・殺菌・躾
⑧	食品等の衛生的取り扱い	殺菌・躾・清潔
⑨	製品の回収方法	(躾)[*1]
⑩	製品等の試験検査に用いる機械器具の保守点検	整理・整頓・清掃・洗浄・殺菌

＊1：現場ルールがキチンと守られていないと製品回収も上手くいかない為
出典：日科技連：食品の異物混入時におけるお客様対応第2章2-2 P27

を実践できるようになれば、ルールを守ることは当たり前のことになっています。

　責任者からの命令や指示がなくても、ルールの意味や目的を理解すれば、面倒な手順や記録もルール通りに実践されるようになります。HACCPやISO22000の土台になる現場の仕組みづくりは、躾の三原則の通り食品衛生7Sを実践することで、スムーズにできました。マネジメントシステムの構築に必要なそのほかの部分は、事務局が中心となり文書や記録用紙の作成などを進めていきました。

　2007年11月　HACCP普及推進大会（主催　岐阜県）にて「食品HACCP推進優良施設」として岐阜県知事表彰を受けました。2009年には、トップが、さらにレベルの高い食品安全マネジメントシステムであるISO22000の取得を宣言しました。このとき、担当者であった私と食品衛生コンサルタントとが、高田社長に呼び出され、「1年以内にISO22000の取得ができなければ、今後衛生管理には、予算を出さない」といわれました。トップの決意には、驚きましたが、その言葉に私たちも腹をくくって行うことができました。やはり、トップの決意は重要であると思います。

　ISO22000の取得に向けて、2010年1月11日にキックオフ大会を行いました。ステージ1の審査は、同じ年の11月、そして、ステージ2の審査は、2011年1月24〜26日でした。審査では、問題となる指摘事項もなく終了しました。審査員には、当社の衛生管理の土台として一般衛生管理プログラムの作業は、すべて「食品衛生7S」で運用されていることを説明しました。規格にある一般衛生管理プログラムの文書内容や現場確認をした審査員から、現場の作業従事者は手順を理解して記録の記載も大変よくできていますと高い評価も頂きました。2011年5月には、審査に合格し登録も完了することできました。当初は、困難と思われていたHACCPシステムやISO22000による衛生管理の取得は、全社員が目的を理解し現場で実践する食品衛生7Sの導入が大変良い結果になったと思います。

6.2　異物混入対策とフードディフェンス

　図6.1に、2004年からの当社の異物混入件数の推移が示されています。2005年に食品衛生7S導入のキックオフ大会をして活動を開始しました。7S活動を始めると、従来異物と認めていなかったものまで異物として見つけることになり、一時的に異物混入は増加するといわれています。予想通り、2006年の件数は増加しました。ところが、2007年1月のF製菓の事件から始まる一連の食品事故・事件の影響、2008年の中国冷凍餃子事件などの影響で2005年から食品衛生7S活動を始めているにもかかわらず、連続増加の傾向を示しました。

　製品不良の内訳を詳しく分析すると、2007年に明宝ハムから毛髪以外の異物混入は7件でした。多くは外装の包装資材の食い込みやクリップ等によるお申し出が件数にカウントされているので、新しく配置した人材の技量不足もあったと思われます。2008年は、包装資材の劣化が問題となった製品不良が10件でした。

　食品衛生7Sの活動を継続していましたが、製品不良などの減少につながる効果が数値で出始めたのは、2009年からです。トップがISO22000への挑戦をいい出したのがこの年であり、食品衛生7Sの効果としての異物混入やクレームの減少を確認して、2010年にISO22000取得に向けてキックオフ大会を開催しました。結果として食品衛生7S導入の効果は目を見張るものでした。

6.2.1　急増した発注にも異物混入事例は減少

　2011年3月11日　東北沖を震源とする東日本大震災が発生しました。当社では、大きな被害もなく、ISO22000の審査会が遅れて認証が遅れたことぐらいでした。しかし、2011年にISO22000を取得して良かったと思うでき事がありました。

　2011年4月23日　神田正輝氏が司会をする「朝だ！生です旅サラダ」

のコーナーでお取り寄せグルメとして、弊社の「明宝ハム」が紹介されました。事前に、放送されることは、知っていましたが、今までのTV放送の反響とはちがって、放送中から注文の電話が殺到し、電話対応が追いつかないほどの状態になり、インターネットにも大量の注文が入りました。放送終了後、通常業務を超えた注文が突然入り、予定していた製品在庫がすべてなくなりました。工場長とも相談し、すぐに増産体制を組んで対応しました。繁務期が、2ケ月ほど前倒しで始まり、予定していた5月連休も返上することになりました。特に、増産体制のなかでは、新しい衛生管理対応などを行わず、日常的に行っているルールを守ることに専念しました。

結果として、増産体制は、9月の上旬まで続くことになりましたが、お客様からの申し出も1件だけで、食品衛生上の問題や品質的なトラブルは起こりませんでした。以前の状態であったなら、もっと多くの異物混入やクレームが起こっていたかもしれないと思うと、当社が実践する食品衛生7SはISO22000の衛生管理システムの土台だけではなく、異物混入の予防対策にもなったのだと確信しました。

当社の異物混入及びお申し出発生率の推移を図6.5に示します。

6.2.2 フードディフェンス対策として動線変更

当社の工場レイアウトは、第一工場と売店及び事務所、第二工場からなり、食品衛生7Sのキックオフをした頃は、各工場別々に更衣室とトイレを設けていました。つまり、第一工場で作業する作業従事者は、第一工場の施設を利用していました。

第一工場には、製造に関係しない事務所、出荷梱包する汚染ゾーンの部分がありました。また、観光バスやマイカーで来られる見学者通路を完備しています。第一工場のトイレは、見学者であるお客様と作業従事者が共用することになります。ユニフォームに着替えて更衣室から第一工場に入場する時には、どうしてもトイレ前を通過しなくてはなりませんので、交差汚染も気になっていました。また、売店や見学者通路との

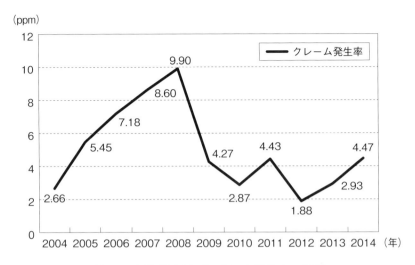

図6.5　異物混入及びお申し出発生率の推移

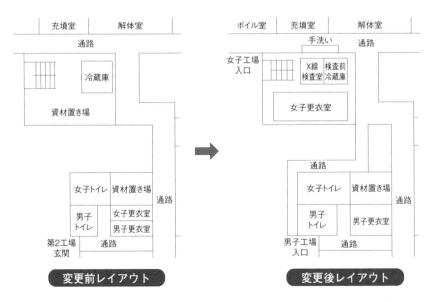

出典：日本規格協会：ここが知りたかった！FSSC22000　HACCP対応工場改修・新設ガイドブックP208

図6.6　変更されたトイレ動線のレイアウト

動線上の交差は、フードディフェンスの視点から考えても問題であると思っていました。そこで、工場全体のレイアウトの見直しからはじめました。第一工場と第二工場で作業する女性の従事者の更衣室を同じ場所にして、工場に入場する動線も入りやすいように変更しました（図6.6）。

第二工場のトイレへの動線の変更と今まであったトイレ施設を増設して、作業従事者のみが利用できるようにしました。このレイアウト変更により、男性と女性の作業従事者の入場場所も変更しました。その結果、工場内の清潔エリアに入場する動線をしっかり分けることができ、作業従事者以外が清潔エリアに近づくことを防ぐ構造となりました。このレイアウト変更は、フードディフェンスの強化の一つにもなりました。

捕獲器の寿命はあるの？

　食品の製造現場で捕獲器（ライトトラップ）は、青く点灯しています。この青い色のライトは、ブラックライトと呼ばれ、昆虫類が好む光の波長である紫外線（365nm：ナノメータ）で昆虫類の持つ正の走光性（光に誘引される特性）を活用し、わざと昆虫類を光源に誘引させて捕獲するものです。捕虫器の中には、粘着性のあるテープやシートが置かれていて、ライトに誘引された昆虫を捕獲します。

　ライトトラップは、消灯することなく24時間連続使用していますが、電気製品です。JISおよび電気用品安全法（PSE）の技術基準に基づく一般的な寿命の考え方では、年間点灯時間は8,000時間となり、約4年から5年が交換目安となります。また、日本照明器具工業会では、30,000時間を交換目安としています。

異物混入した昆虫の対応事例！

　お客様から食品に昆虫が混入したという連絡を頂きました。必要なことは、まずは、すぐに混入した異物の現物の確認です。混入した昆虫の同定作業をするには、送られた写真だけでは、正確な昆虫同定ができませんので、現物を使った確認作業が必要です。

　しかし、今は昔と違ってIT環境が充実していますので、混入した状態や状況、写真をメールに添付して送って頂くことで、混入した昆虫の絞りこみをすることができるので、初期対応の時間を短縮する効果もでてきます。お客様と対応しているところから、直接情報や状況を対応部署に連絡することができます。ソーシャルネットワークサービス（SNS）に対応するには、時短をすることも重要な要素です。ただし、これは、速報であって、現物確認をするまでは、情報の一つとして取扱って下さい。また、消費者への連絡には、十分注意してください。

　最近の事例は、製品に芋虫が混入したという連絡がありました。内容は、開封した製品を冷蔵庫の野菜室に保管されていたそうです。使用しようと思って、製品を冷蔵庫から取り出した時に芋虫を発見したそうです。現物を確認したのは、一報から3日目でした。驚いたのは、混入した芋虫は弱っていましたが、まだ生きていたのです。水の無い状態でも、生きていた生命力は、凄いです。このような結果になると混入した昆虫は、製造工程からの混入の可能性は低くなります。最終的には、生きて動いている動画を撮影し、お客様から消費者の方に説明して頂きました。「製造工程からの混入については、特定できませんでした」つまり、原因不明として、ご納得頂くことができました。

　このように、お客様の会社では、SNSへの書き込みも気にしながらも、異物混入の対応にも大変な苦労しながら、対応をされています。

6.3 食品衛生7Sの実践事例

　食品衛生7Sは、食品を衛生的に取り扱う為に現場で必要なルールを確立することです。行政等のルールやマニュアルを一方的に伝えても、現場の事情や作業者の意見を合わせられないと継続して実践することができません。食品衛生7Sの実践は、現場で必要なことから構築し、ステップアップしながら、異物混入対策となる一般衛生管理プログラムを強化します。そして、作業従事者は製品の安全を意識した行動となり、フードディフェンスにも対応できます。食品衛生7Sの実践は、異物混入対策からフードディフェンスまでレベルアップします。

6.3.1　包材管理は整理整頓

　当社の食肉製品のほとんどがケーシングというナイロンもしくはポリエチレン製のフィルムの中に加工肉を充填して作られます。その工程で最も気を使うことは、古いフィルムを使うことによる密着性の低下です。密着性の低下は、肉の離水が進み品質の劣化が問題となります。また、フィルムそのものが異物として混入することもあります。実際、これらを原因とするクレームが2007年と2008年に集中的に発生しました。

　包材管理にも食品衛生7Sを導入しました。包装用のフィルムの「先入れ・先出し」は、製品の安全性を確保するための重要な条件です。しかし、食品衛生7Sの導入前の包材置場は、倉庫の中でパレットに積み上げられていました（写真6.7）。そのため、倉庫には、いつ入荷したフィルムなのか同一ロットがどれだけ在庫されているのか管理できない状態でした。また、包材を使用する場合は、前日に翌日製造する本数分の包材を適当に数えて、そのまま籠（かご）に入れると準備が完了します（写真6.8）。

　食品衛生7Sの実践は、次の通りです。まず、種類ごとのフィルム（包材）置き場を固定し、入庫した日付を外装に押印し、先入れ先出しがで

写真6.7　フィルム包材倉庫

写真6.8　翌日使用するフィルム

きる（写真6.9）ようにしました。もちろん、乱雑だった倉庫も整理・整頓（写真6.10）をして、誰が見てもすぐにフィルムの置き場所が確認できるようにしました。

製造場所への持ち出しも、ルールを決めました。今では、毎日の使用枚数と廃棄数を記録して、何本分使用したのかがわかるようになり、その結果、フィルムの在庫数が把握できるようになりました。製品不良の内容を分析し、包材管理の問題点を改善することができたので、包材にかかわる製品不良の件数も大きく減少しました。

6.3.2　廃棄物管理の変更

製造工程から軟骨及び使用できない脂やくず肉などの廃棄物が出てきます。以前は、廃棄業者への引き渡しまでの間、原材料用の冷蔵庫・冷凍庫などを保管場所として使用していました。今考えれば、とても危険なことが平然と行われていたことになります。食品衛生7S活動の中で、作業従事者はこの問題点に気づき、すぐにルールの変更を行いました。

まず、廃棄物の保管場所を、製造現場から離れた場所に設けることにしました。廃棄物は、必ず毎日外にある所定の場所に廃棄することを徹底しました。これにより、異物混入に対する意識が変わり、たとえ仮置き場所であっても、決して混入することのないような明確なルールができました。

また、原材料を梱包してきた廃棄段ボール置き場を、原料肉の搬入口のすぐ横にあった場所（写真6.11）から、工場建屋から離れた別棟の所定の廃棄場所に設置しました（写真6.12）。廃棄物の保管場所を移動した後、原料搬入口を改装（写真6.13）しました。根本的な防虫防鼠まで取り組むことで、異物混入の予防策だけではなく、フードディフェンスまで意識した対応ができたと考えています。

写真6.9　入庫日の押印

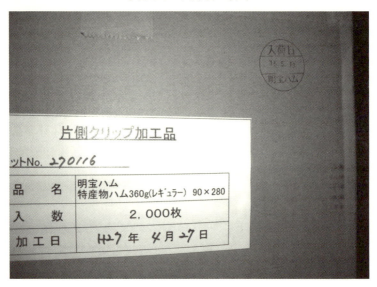

写真6.10　整理・整頓された包材庫

写真6.11　原料搬入口の段ボール置き場

写真6.12　別棟に移された廃棄場所

写真6.13　改装後の原料搬入口

6.3.3　ユニフォームのクリーニング

　食品衛生7S活動を始めて、ユニフォームの変更は現場作業従事者との間に確執が生じるほど問題となりました。恥ずかしい話ですが、創業当初は、出勤してきた服の上に半そでの白衣をそのまま着るだけでした。自分の着てきた服が長袖ならば、半そでの白衣からそのまま長袖の服が露出している状態でした（写真6.14）。帽子も被っていましたが、毛髪落下を防ぐには何も効果のない状態でした。
　そこで業者から数種類のサンプルを提供して頂き、作業従事者が実際にユニフォームを着て、作業してもらいました。最初の作業従事者の意見は、「暑い」「動きにくい」などという声でしたが、そこから一進一退の攻防が始まりました。現場の作業従事者の意見を聞きながら、落としどころを探っていき、約3ヶ月後には新しいユニフォーム上下を決定することができました。
　ユニフォームの上下を作業着としてキチンと着てもらえるようになりましたが、直ぐに作業従事者からの意見として、「洗濯物が増える」と

写真6.14 食品衛生7S導入時の解体室

いう新しい課題がでてきました。さらにもう一つの問題は、毛髪混入対策として今では当たり前となった毛髪全体をすっぽり隠すことができるフルフードタイプの帽子の導入でした。これは、着用を決定するまでに、約半年ほどの時間を要しました。変更前は、毎月数件発生していた毛髪混入のクレームが、新しいユニフォームと帽子のおかげで、月1件ぐらいまで減少しました。

　大きな課題は、作業従事者がユニフォームの洗濯を自宅に持ち帰り、自身もしくは家族が行っていることでした。作業の違いもあるかもしれませんが、女性と男性の作業従事者ではユニフォームの白さに差が表れてきたことで、本当に洗濯しているのか？洗濯の回数が少ないのではないか？など、新しい問題として考えるようになりました。

　また、自宅に持ち帰って家で洗濯をすることで、毛髪などの異物や洗濯不足から食中毒菌やウイルスなどを持ち込んでくるかも知れないなどの心配もでてきました。そこで、全作業従事者のユニフォームをすべてクリーニングにだそうということになりました。いくつかの業者と交渉

のすえ、経費的な面も調整することができました。2012年から全作業従事者のユニフォームは、外部のクリーニング専門業者に洗濯してもらうことになりました（写真6.15）。今では、当時の論争が嘘のようになり、作業従事者全員がいつも全身真っ白なユニフォームに身を包み作業に励んでいます。

専門業者によるクリーニングを始めてから3年が経過しますが、毛髪混入クレームはほとんどなくなり、今ではゼロに近い状態（図6.1参照）になりました。クリーニング業者に外注することで会社の経費は増えましたが、毛髪混入対策は、以前の自宅で洗濯するよりも確実な効果を出すことができました。

6.3.4　X線検査機は硬質異物の除去

当社の食肉製品には包装の都合で金属製のクリップが、製品の両先端についているので、金属探知機ではすべての製品が反応することはわかっており、それがHACCPシステム導入の一つの障害になっていまし

写真6.15　クリーニング済みのユニフォーム置き場

た。

　2006年ごろ食品加工機械の展示会に出向いて、メーカーからX線検査機の説明を受けた時、クリップの部分だけ検知しないようにできるマスキング機能付きの機種と出合いました。このX線検査機ならば、当社が必要とする条件で硬質異物の検査ができると確信し、社長の説得を始めました。しかしながら、高額な検査機器の購入ということで容易に許可はでませんでしたが、HACCPシステムを導入し運用するには、どうしても必要であること、さらに当時軟骨でのクレームが年間数件発生している状況を説明し、2007年5月に導入するように計画して、検査室の設置などの準備を行いました。X線検査機の導入（写真6.16）後は、金属異物はもちろん軟骨など硬質異物は、ほとんど社内の出荷前の検査で除外することができるようになったので、顧客からのクレームはほとんどなくなりました。高い買い物でしたが、大きな効果が得られました。

写真6.16　導入されたX線検査機

6.4 食品衛生 7S 導入による成果

6.4.1 作業従事者は共同体の一員

　すでに、食品衛生7Sを導入した衛生管理の構築は、10年を過ぎました。少しずつ社員の入れ替わりもあり、衛生管理コンサルタントと相談し、2014年から年1回、明宝ハムの事業がスタートした頃の意義や価値観などを教育する全社員にむけた教育プログラムも導入しています。教育プログラムには、衛生管理の構築前の社内の状況や過去の異物混入の事例などを示すとともに、今では当たり前と思えるようなことがどのようにして実践できるようになったのかを話しています。

　また、教育プログラムには、創業当時の「明宝ハムのアイデンティティー」を伝えることも目的にあります。当社の成り立ちは、明宝村にあった7つの地区の消費組合・商工会・森林組合・畜産組合・村が出資し、村民総参加による第3セクターの食肉製造販売会社です。そのため、この明宝地区を代表する食品企業であり、地域の雇用の場としても期待されています。明宝地域のための企業といっても過言ではないのです。当社の作業従事者の約90%は地元の明宝の出身者ですので、あえて身元調査をしなくとも生まれながらの知り合いも多く、プライベートでも地域の集まり、学校行事などで一緒になることが当たり前です。そのため、社内でも外来者や見学者がいるとすぐにわかってしまうのです。フードディフェンスの点から見れば、監視カメラが無くても、作業従事者のすべての目が監視カメラとなっているのです。

　常に当社の社員は、創業当時の成り立ちや企業としての使命などを研修し「当社は廃業も倒産もできない会社」であることを理解することが基本であると考えています。現在では、作業従事者の一人ひとりがこの明宝ハム事業の共同体の一員として会社をささえる人材になっていくことが重要なことなのです。

6.4.2 食品衛生7S導入による衛生レベルアップ

　食品衛生7S導入からHACCP構築やISO22000取得へと、段階的にステップアップしながらそれぞれの課題をクリアできたことが良かったと思います。基本的には、コンサルタントから強い提案があった「まずは、できることからきちんとやろう！次に、できないことを現場で工夫してみよう」をベースにしています。中心は、当社のスタッフであり、現場作業を優先しながらも、食品衛生上トラブルになるポイントは集中して対応することでした。食品衛生7Sの導入には、トップの存在と決断がなければ、今のように自信を持って製品の安全や安心を宣伝することはできなかったと思います。

　また、食品衛生7Sを活用して基本となる一般衛生管理プログラムの構築から始めたことにより、現場の年配者でもスムーズに衛生管理の取り組みができました。新しく現場に入った人でも、日常的に行われる製造環境の清掃や洗浄・殺菌にとまどうことなく作業に集中することできますので、以前から作業をしていた従事者とのレベルの差を気にする必要がありません。最初から難しい専門用語を使うのではなく、「何の為に行うのか（目的）」を理解し興味を持つと、自分達から勉強をするようになります。結果として、食品衛生7Sの導入により、異物混入対策やフードディフェンスを実践できる食品企業に成長できたと思っています。食品安全ネットワークの皆様の協力やご支援を頂きながら、食品衛生7Sを推進することができたことに感謝しています。最後に、当社における衛生管理関係の経過と食品衛生7S導入のメリットを表6.3と6.4にまとめて、本稿を終えたいと思います。

表6.3 衛生管理等に係る年表

年	月	項目および内容
2004	8月	原料倉庫でねずみの糞発見、PCOによる調査 衛生管理コンサルティングからの5S提案
	9月	第1回　衛生勉強会
	10月	第2回　衛生勉強会
	11月	第3回　衛生勉強会
2005	1月	食品衛生7Sキックオフ／HACCP勉強会スタート
	6月	製造環境菌検査及びATP検査
2006	6月	施設レイアウト改修及び改装工事 　第1工場　　増床：原料処理室及び包装梱包室 　第2工場　　増床：調味料室 　　　　　　　動線変更：工場入場口 　　　　　　　増床：事務所 　　　　　　　改修：売店
	9月	第2工場　便所増設
2007	2月	フルフードユニフォーム着用基準制定
	5月	休憩室下女子更衣室新設 第1工場　X線検査室増設し、X線探知機導入稼働 HACCPチーム及び事務局の立上げ 岐阜県HACCP認証向けての申請スタート
	6月	衛生管理規定及びHACCP関連文書作成及び運用
	8月	岐阜県HACCP認証向けての事前審査
	9月	段ボール廃棄場所変更
	11月	岐阜県HACCP推進優良施設としての表彰
2008	8月	第1工場　包材倉庫整理整頓開始
	9月	資材の在庫管理
	10月	工場内ゾーニングの見直し変更
2009		ISO22000への挑戦決定
2010	1月	ISO22000キックオフ
	10月	包材（ケーシングフィルム）の管理
	11月	ISO22000　stage1審査及び合格
2011	1月	ISO22000　stage2審査及び合格
	4月	明宝ハム　TV紹介により予想を超える特需
	5月	ISO22000　審査会にて登録決定
	8月	全社統一してレンタルユニフォーム導入スタート
2013	1月	ISO22000　第1回目　更新審査キックオフ
	2月	ISO22000　更新審査　合格
2015	1月	ISO22000　第2回目　更新審査キックオフ
	2月	ISO22000　更新審査　合格
	3月	JTHC共催によるHACCP勉強会（2日間）

表6.4　食品衛生7S導入のメリット

（1）	ソフト重視による食品衛生管理の構築が低コストでスタートできる
（2）	科学的な根拠による製品の安全が確立されて品質がよくなる
（3）	現場を主体にした衛生管理の実践で作業従事者がレベルアップする
（4）	食品衛生7Sによる実践は一般衛生管理プログラムの構築や運用につながる
（5）	HACCPやISO22000などの認証取得をサポートとなる
（6）	全社的な活動から企業力が向上するので、営業力アップにもつながる
（7）	現場で苦労した問題点を解決する新工場のコンセプトも提案

（参考及び引用文献）
1） 現場がみるみる良くなる食品衛生7S活用事例集　米虫 節夫編　㈱日科技連出版社 2009/2　第Ⅱ部　事例編　事例5
2） 現場がみるみる良くなる食品衛生7S活用事例集4　角野 久史・米虫 節夫編　㈱日科技連出版社2012/2　第Ⅱ部　事例編　事例7
3） 月刊HACCP　2013年2月号　　食品安全ネットワークの発信　連剤　第2回　「目に見えるモノ」から「目に見えないモノ」を管理しよう！
4） 食品の異物混入時におけるお客様対応‐適切なクレーム対応を行うための手引き 食品安全ネットワーク 著者　米虫 節夫監修 角野 久史編著　日科技連出版社　2015/5
5） ここが知りたかった!FSSC22000・HACCP対応工場 改修・新設ガイドブック食品安全ネットワーク　著者　角野 久史・米虫 節夫編者　日本規格協会2015/1/14

7S とトップダウン

　7Sはトップの主導で進めるべきですが、トップダウンが弱すぎても強すぎても、実は活動の阻害要因になります。トップダウンが弱い会社のトップは、7Sは現場に任せておけば当然やってくれているものだと思っています。しかし、※よく7Sはボトムアップ型の活動だと言われますが、ボトムアップは現場主体というだけで、トップの旗振りは必要不可欠なのです。

　一方で、トップダウンが強すぎると、活動計画の途中までは順調に改善が進むでしょう。しかし、そのうち委員会はジレンマに陥ります。指摘されなければ動かない現場の受動的姿勢に対してです。トップダウンが強い会社は、現場は怒られるのが怖いから7Sを進めます。改善することに喜びも満足感も感じていません。改善が進んで満足しているのは、トップと事務局だけなのです。最終的に7Sは、作業者一人ひとりが7Sの心をもって、日々7Sを維持できる環境をつくらなければなりません。怒ってばかりいては、従事者一人ひとりの7Sの心が育たないので、やがて維持管理に苦しむことになります。

　怒られるばかりの7Sをやめましょう。楽しいと思える活動をしましょう。

※トップがどこまで7Sに関心を持っているかによって、7Sの進捗はかなり左右されます。

第7章

事例-2
四国化工機グループ
食品衛生7Sでの仕組み
づくりと人づくり

7.1 会社概要──安全・安心を追求する

　当社は1961年にタンクメーカーとして創業し、現在では「牛乳等の液体食品充填包装機」、「食品用包装資材」、「豆腐を中心とした大豆加工食品」を提供する3つの事業を手掛けています。「安全・安心・品質」を基本とするこれら3事業による「ものづくり」から得られた技術やノウハウを用いて、お客様の様々なニーズにワンストップで応えられるのが当社の強みであり、これら3事業部門による三位一体のシステム経営により、世界の食文化の向上に貢献したいと考えています。

　そのような中、私の所属する食品事業部門では、機械事業部門の持つ食品機械製造のノウハウを用いた最先端の自動生産設備を導入して、1973年より「さとの雪食品」という社名にて、全国にお豆腐をはじめとする大豆加工食品を提供しています。『日本の伝統食品であるお豆腐を、手作り本来の味そのままに全国の皆様のもとへお届けする』をモットーに「安全」で「安心」いただける商品づくりを日夜追求しています。

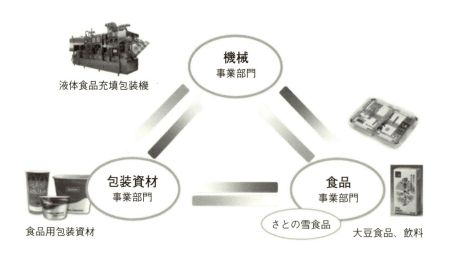

図7.1　四国化工機グループ

東日本の基幹工場

御殿場食品工場（静岡）
（主な製造品目）
木綿豆腐（レギュラー、2回分、4回分）
絹ごし豆腐（レギュラー、2回分、4回分）
充てん豆腐（レギュラー、2回分、4回分）
紙パック入りLL充てん豆腐
惣菜（うの花、白和えなど）

西日本の基幹工場

阿南食品工場（徳島）
（主な製造品目）
木綿豆腐（レギュラー、2回分）
絹ごし豆腐（レギュラー、2回分）
充てん豆腐（2回分、4回分）

図7.2　食品事業部門

7.1.1　食品防御に関する潮流

　2008年にあった中国製冷凍餃子による健康被害の発生や、2013年のアクリフーズの毒物混入事件等を受け、日本でも「フードテロ」という言葉が報道でも取り上げられ、食品業界においてフードテロ対策の機運が高まってきています。そのような中、食品工場でも生産施設への第三者の侵入や、それに伴う意図的な危害物（健康被害をもたらすような有害物質）混入に対して、何らかの対策を講じる必要性が出てきています。

　その一方、食のグローバル化や流通範囲の拡大、流通経路の複雑化等、フードチェーンは日に日に複雑化しており、被害が発生した場合は多方面に影響が及んでしまい、問題が起こった際の原因の特定は年々困難になってきています。さらに、中小規模の食品企業が多い日本では、フードテロに対する認識は低く、食品の製造工程は「従業員同士の信頼関係」を前提に運営されており、「悪意」をもった食品への異物混入に

は極めて弱い傾向にあります。

　食品防御はこれまでやらなくとも問題はありませんでしたが、実際に日本国内で事件が起こったことも事実であり、今の時代はやらなくてはいけない状況です。設備的な対策だけでなく、従業員や作業員の意識の問題も大きく、意図的混入があるという前提での対策・対処が必要になってきています。

7.1.2　基本的な考え方

　食品の安全は、"食品安全の三要素"である「フードセキュリティ」、「フードセーフティ」、「フードディフェンス」が密接に機能することで確保されています。

食品安全の三要素

- **食品安全保障（Food Security）**
  安全な食品を全ての人がいつでも入手できるように保障し、食品の安全を確保すること
- **食品安全（Food Safety）**
  食品製造・供給工程における危害因子による汚染の防止や低減を図り、食品の安全を確保すること
- **食品防御（Food Defense）**
  意図的な外部からの危害因子の混入から食品を保護し、食品の安全を確保すること

　また、アクリフーズにおける従業員による冷凍食品への農薬混入事件を踏まえて、「農薬混入事件に関する第三者検証委員会」は、今後推奨される対策として、以下の5点が重要と指摘するとともに、予兆を捉える体制の整備や、意図的な混入を否定せずに対応することが必要としています。

　①　平素からの体制構築（組織改革）

② 安全な食品を提供するという消費者に向き合ったミッションの再確認と浸透
③ 食品防御体制の整備
④ 予兆の早期把握と迅速な対応(品質保証機能の強化)
⑤ クライシス対応(事故が起きた際の危機管理とコミュニケーション)

加えて、食品防御の具体的な対策の確立と実行可能性の検証に関する研究班作成の、「食品防御対策ガイドライン(食品製造工場向け)」では、"食品工場の責任者は、日ごろからすべての従業員等が働きやすい職場環境の醸成に努めること"としており、また"自社製品に意図的な汚染が疑われる事態が発生した場合、消費者や一般社会から、その原因としてまず最初に内部の従業員等に対して疑いの目が向けられる可能性が高いことを、従業員等に意識づけておくこと"としています。

農薬は安全か?

「農薬は安全か?」と聞かれれば、「危険性がある」と答えざるを得ません。農薬とは殺虫剤、殺菌剤、除草剤などであり、生産者が散布中に中毒症状や皮膚かぶれなどを生じることがあるからです。しかし、それらの多くは軽度であり、重篤なものはほとんどありません。重篤な全身症状を呈するのはほとんどが意図的服用を行った場合です。また、「散布中に中毒症状や皮膚かぶれなどを生じることがある」というのは直接農薬に触れる生産者の話であり、通常出回っている野菜や果物に付着している農薬で消費者が健康を損なう恐れはないことが確認されています。

農薬の開発には約10年の歳月と数十億円の経費を要して、農薬の薬効、薬害、毒性及び残留性に関する試験等が行われ、農林水産省が示す

毒性試験適正実施基準（GLP）に適合させ、食品安全委員会によるリスクの評価、ADI（一日許容摂取量）の設定などを経て登録されます。こうして安全性が確認され、登録された農薬しか製造、販売されていません。

　だからといって「農薬は無害」であるということではありません。前述のとおり使用方法を間違えれば危険です。農薬を含む化学物質はすべてある量を超えると有害であり、それ以下では無害であるといえます。そのような考え方で基準が決められているのです。

　因みに、桃やリンゴは農薬を使用しなければほとんど収穫できません。農薬を使用することにより色々な病気を予防したり、虫を退治することができますが、農薬を使用しないと果実が腐ったり、生育不良になってしまうのです。

　また、我々は「当社の食品はすべて天然の材料を使っており、合成化学品は一切使用していません。だから安全です」といった説明を耳にすることがありますが、はたして天然材料なら安全なのでしょうか？

　天然の物でも安全な物も危険な物もあります。天然材料である毒キノコ、フグの肝臓、トリカブトなどは食べると人命に関わることはよく知られている事実です。「天然だから安全、化学物質だから危険」ということはないのです。

　問題は、上述のとおり摂取量であり、我々が調味料として使用している醤油でも１リットル飲用して死亡した事例もあれば、逆にフグ毒として知られるテトロドトキシンは鎮痛剤として医療に用いられることもあります。

　ADIは無作用量に安全係数として百分の一を乗じて得られる数値ですから、ADI以上は必ず危険かというとそうではなく、逆に、それ以下では無害・安全であると考えられます。安全性が確認されている範囲の量で使用することが大切で、これは天然の物質にも当てはまります。

　我々は安全性が確認された範囲の中で農薬の恩恵に与っているのです。

7.2 異物混入対策とフードディフェンスへの対応

　これまで当社では、食品の安全性の確保のために、公衆衛生の見地から必要な規制措置を講ずることにより、飲食に起因する衛生上の危害の発生を防止できるようHACCP方式に準拠した生産管理を行い、トレースもできる体制を構築してきました。

　製造工程では、原料受入から出荷までの各工程において、主要工程毎に品質検査を実施していることから、ロット毎の異常は基本的に発見可能であり、また、異常品が出荷されてしまった場合においても、当該ロットの特定や回収ができるシステムを構築しています。

　しかし、これらには意図的な異物混入に対する防御策は含まれておらず、悪意を持った第三者が危険物を製造工程内に持ち込み、それを混入した事実が判明した場合には、多少にかかわらず可能性のあるすべての製品を出荷停止、もしくは市場にある場合には回収しなければなりません。

　また、当社の工場敷地は、フェンス等により外部との遮断を行っていない箇所も多く、資材搬入口を含め、出入口が多数あり、第三者が敷地内・施設内に容易に出入りできることから、意図的な異物混入防止という観点で見た場合、十分とはいえない箇所がありました。

　そこで、悪意ある攻撃の可能性（機会）をさらに減少させ、食品を保護するための相応の手段を講じる必要があると考えました。

　まず、現在行っている異物混入に対する対策を強化することを考えました。具体的には、資材・原材料の受入れ時の確認や薬剤の施錠管理、持ち込み禁止品の徹底を、再度書面で通知しました。次に、不必要または、必要性の低い出入口や窓類を封鎖し、利用頻度が限定される箇所については、施錠管理の徹底を行いました。

　さらに、従業員以外の入退出管理を強化するために、工事業者に対し、工事開始前に機密保持、安全作業、衛生管理等の徹底に関する誓約

書の提出を求め、入場時には各種注意事項（衛生管理方法や持込禁止品リスト等）の説明・配布、入場届への記入を、工事終了後は工事日報の提出を義務付けました（図7.3）。

なお現在、自由に出入りできる生産設備の出入口に関しては、常設カメラを設置して、生産施設内へ出入りする者をモニタリングできるよう、また、製造現場内についても、危害リスクの高い作業エリア（開放部分等）を中心にカメラを設置し、製造現場内で不審な動きをする者がいないことを確認できるようにするため、規定も設け、設置に向け設備業者と細かな仕様を打ち合わせ中です。

図7.3　外部の人が入場する際の誓約書

7.3 食品衛生7Sによる防御体制

　製造現場内では、従来から異物混入防止対策として、特にパッケージング前の製品が通過する製造ライン上部に関しては、カバーの設置等、重点的に対策を行っています。この製造ライン上のオープンな箇所は、落下異物や虫の混入危険箇所ですが、意図的な異物混入に対しても混入させやすい（リスクの高い）箇所になります。このような日常の品質管理（食品安全）上も重要なポイントに関しては、7S、特に整理整頓が必須になります。徹底した整理整頓により、悪意ある攻撃の可能性（機会）を減少させる（容易に危害を加えさせない）ことができると考えており、すきを見せないためにも、7Sの徹底は大前提と考えます。

　当社は機械製造部門における、食品機器製造のノウハウを用いた最先端の自動生産設備を導入しており、人手にまったく触れない衛生的な完全自動化システムにより、「安全」「安心」を保証しているため、7Sにおける『洗浄』『殺菌』においても、ほぼ自動化となっており、改善は「5S活動」として行ってきました。

　この5S活動は、『5S・品質勉強会』と称し、4回／年の頻度で、品質保証部で毎月のテーマを決定し、内部監査（5Sパトロール）をメインとして、2工場間持ち回りで実施しています。また、この5S活動の中で、チェック機能として位置づけされる内部監査は、角野品質管理研究所の角野所長をコンサルタントとして迎えて実施しており、日々作業環境の改善に努めています（図7.4）。

　しかし、製造機とパッケージ機器までを繋ぐコンベア、製品を容器に入れ密封するシール機等には一部開放部分もあり、またそれらの箇所については、どうしても手洗浄が必要な箇所があります。これらの箇所には、当然カバーを設置する等、落下異物の混入に対してある程度の処置は施しておりましたが、昨今の情勢や、お客様の過剰反応にも対応するため、より具体的な対策（未然防止）が必要と考え、通常の5Sパトロー

ルとは別に、異物混入対策に特化した内部調査を実施しました。

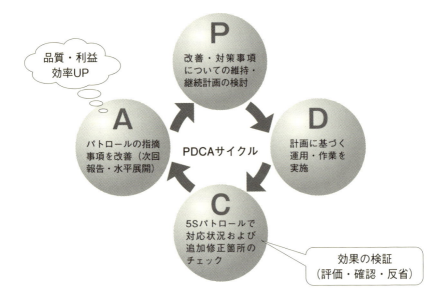

図7.4　5Sパトロールによる改善活動概要（PDCAサイクル図）

 豚生肉の販売禁止

　2015年6月12日から、飲食店などで豚の生肉や生レバーを提供することが禁止されました。

　これは、2011年4月に飲食チェーン店で発生した腸管出血性大腸菌群による食中毒事件を受け、同年10月1日から生食用の牛肉の取り扱いが禁止されましたが、その後、牛肉の代替品として「豚のレバー刺し」などを提供する店が目立ってきたためです。

　豚肉（内臓を含む）にはE型肝炎ウイルスの他、細菌（サルモネラ属菌、カンピロバクターなど）や寄生虫（トキソプラズマ、旋毛虫など）が存在し、これらが危害要因となっているので、その対策として十分な

加熱が必要です。

　ところが、一部報道で「「また一つ食の楽しみがなくなる」もつ鍋店客」といった見出しの記事が掲載され、あたかも「生肉はレバーなどの内臓とは違うので安全」とか「鮮度が良ければ大丈夫」とか「生食が禁止されていない鶏などは安全」かのような報道がされていました。単に「生食ができなくなるのは残念だ」といった論調の記事です。あたかも一部のずさんな業者が事件を起こしたので規制されたかのような書き方で、生食の危険性についてはまったく触れられていません。

　説明を加えてみましょう。

　鮮度の良し悪しと、ウイルス、細菌、寄生虫などの危害要因の有無とはまったく関係がありません。それらは鮮度が良い豚肉の内部でも存在するのです。法令で規制されるから食べてはいけないのではありません。危険性があるから食べてはいけないのです。

　さらに、鶏肉についてもカンピロバクターなどの細菌が危害要因として存在します。国産鶏肉のカンピロバクター陽性率は実に71.8％に上るといった報告もあります。また、食品安全委員会からは猪肉や鹿肉などのジビエについても同様の危害要因が存在し、内部まで十分加熱することが必要であることも報告されています。

　我々は、生食の危険性に対して十分に認識して、先のような記事に惑わされることなく、十分に加熱して食べたいと思います。

7.4 改善事例

　日々の改善活動と、定期的な5Sパトロールにより、工場内は一見きれいに見えますが、開放部やパッケージ前の製品上部に特化した視点で調査したところ、意外にも対策が必要な箇所が随所に見えてきました。

　手洗浄が必要な箇所については、日々、生産終了後に分解洗浄を行っていますが、普段使い慣れている作業者らの目線より上になる製品上部、機器やカバーの裏面等は日常作業では気づき難い箇所が多くあります。

　写真7.1は、異物混入に特化した内部監査（5Sパトロール）により発見された指摘箇所と改善事例です。普段の作業に慣れた作業者や、見慣れた工場内人員では気づき難い箇所について、外部の第三者による視点から調査するため、パトロールは品質保証部が主体となって行いました。

　結果として、通常の目線では見えない機器やカバーの裏側等に、何らかのトラブルの際に付着したと思われる残渣等が見つかりました。これらは、通常では汚れる箇所ではないため、作業員のチェック箇所にはなっていない場所でした。しかし、このようなイレギュラー等によって付着した残渣等は、特に製品上部であれば、落下異物となり得るため、非常に重要な管理ポイントになります。

　そこで、監査結果を基にパッケージ前の製品上部を中心に、工場で異物混入のリスクの高い箇所を割り出し、洗浄ポイントを写真つきで作成し、洗浄方法についてもマニュアル化しました。これらの"見える化"により、新人やパートを含むすべての作業者が同じように洗浄できるようになり、また監督者によるチェックもしやすくなりました。洗浄確認記録表の例を図7.5に示しておきます。

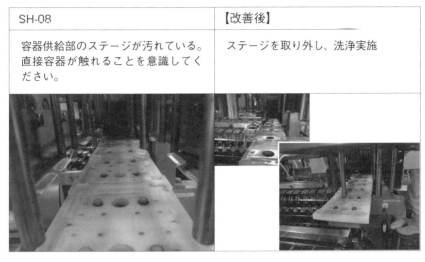

写真7.1-1 異物混入に特化した内部監査（5Sパトロール）の指摘事項と改善後画像①

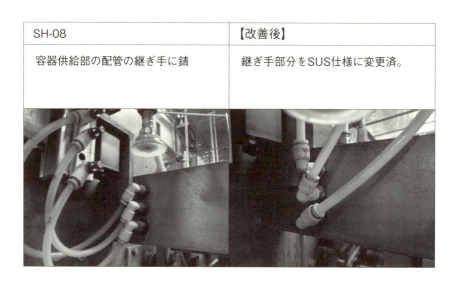

写真7.1-2 異物混入に特化した内部監査（5Sパトロール）の指摘事項と改善後画像②

MT-1-12-0
制定:2015年2月11日
御殿場食品工場

【SH-08 103号機】洗浄確認記録

20 /5 年 7 月 5 日

※ ① チェックは該当箇所を懐中電灯で照らし、明るい状態で確認すること。
※ ② チェック欄は○、×で記入すること。また、×の場合、確認者が是正処置欄に対処内容を記入すること。

箇所	項目	洗浄方法	洗浄者チェック	確認者チェック	是正処置
入口	ゲートシリンダの架台の裏側	手洗浄	○	○	
	ゲートシリンダの裏側	手洗浄	○	○	
供給	容器供給架台の裏側	手洗浄	○	○	
	洗浄ノズル配管のカバー裏側	手洗浄	○	○	
	製品ストッパー	手洗浄	○	○	
	移載バー	手洗浄	○	○	
カット搬送	縦カット刃	分解して手洗浄	○	○	
	バキュームパッド	手洗浄	○	○	
	カバーの内側	手洗浄	○	○	
	横押さえ	アルカリを流して手洗浄	○	○	
	横押さえ架台の裏側	アルカリを流して手洗浄	○	○	
	縦押さえ	分解して手洗浄	○	○	
	縦押さえ架台の裏側	分解して手洗浄	○	○	
	ホルダーの裏側	手洗浄	○	○	
	壁面	手洗浄	○	○	
	ガイド	手洗浄	○	○	
	エアチューブ架台の裏側	手洗浄	○	○	
反転	反転のガイド	アルカリを流して手洗浄	○	○	
	光電管カバーの裏側	拭き掃除	○	○	

備考欄	

図7.5 洗浄確認記録表の作成

洗浄確認ポイント（SH08 103号機）

2015年2月11日
御殿場食品工場　品質管理課

【SH08 103号機】

- Point ④ 反転付近
- Point ③ カット搬送付近
- Point ① シール機入り口付近（KT側）
- Point ② 供給付近
- Point ① シール機入り口付近（MT側）

【Point①　シール機入り口付近】
・架台の裏側
・ゲートシリンダの裏側

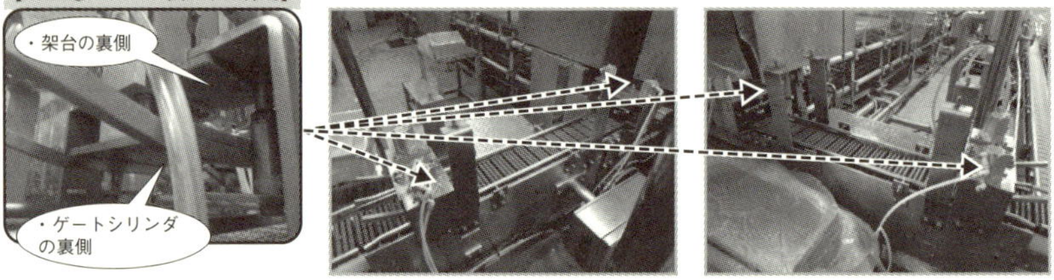

【Point②　供給付近】
・洗浄ノズル配管のカバーの裏側
・移載バー
・製品ストッパー
・ホルダーの裏側
・壁面
・ガイド
・架台の裏側

※正面、側面の両方向から確認すること

写真7.2　洗浄確認ポイント

186

第7章 事例-2 四国化工機グループ 食品衛生7Sでの仕組みづくりと人づくり

の掲示（見える化）例

7.4.1　納品原材料の管理

異物混入対策や食品テロ防止のためには工場内での対策だけでなく、納品される原材料自体の管理についても、これまで以上の管理が必要であると考えました。

これまで、新規原材料メーカーに関しては、品質規格書で問題がないことを確認していましたが、現地工場調査に関しては、問題発生時等の不定期でしか実施していませんでした。しかし、昨今の情勢に鑑み、使用される原材料についても、品質を一定水準以上に維持管理する必要があると考え、新規採用時に関しては、原則として使用前に現地工場調査を実施することとしました。

調査内容は、基本的に定められたことが、定められた通りにできているか、その管理方法で十分にリスクを低減できるかが重要になると考え、どの取引先に関しても、また検査員が変わっても一定水準で評価できるよう、FCP（Food Communication Project：農林水産省が食品事業者や関連事業者と協働で活動しているプロジェクト）の共通工場監査項目を参考に、ポイントを絞ってチェックリストを作成しました。

ただし、原材料メーカーについては、取り扱いアイテムや業種によって作業内容が異なるため、すべての項目が当てはまらないことが予想さ

以下の項目は必須とし、改善の余地がない場合、また先方に改善の意志がない場合は、取引先として不適とする。

① 製品のトレース
② 使用水の管理方法と、定期的な検査の実施
③ 加熱、冷却、乾燥および包装の管理基準の設定
④ 加熱、冷却、乾燥および包装の管理記録の保管
⑤ アレルギー物質の把握と汚染対策
⑥ 異物検知時の除去、および再発防止対策の実施

〈工場調査チェックリスト（重要項目）〉

れます。そのため、チェックリストの中でも、重要な6項目は必須管理項目とし、改善の余地がない場合や、先方に改善の意思がない場合は不適とし、取引先変更を検討することとしました。

　また、すべての原材料を対象とした場合、膨大なコストと時間が掛かるため、調査は、異物混入リスクが高く、品質が安定し難い農産物の一次加工品をメイン対象とし、海外生産品に関しては、取引先（帳合先）に調査を委託し、当該チェックリストによる調査報告書の提出をもって代用できるものとしました。

　さらに、クレームや異物混入実績により、発生件数の多いメーカーに関しては、年1回以上の調査を行うこととし、加えてクレーム発生時等については、必要に応じて適宜調査を実施することとしています。

7.4.2　クライシス対応

　当社では、これまで「欠陥商品発生時の対応手順」として、万一の不測の事態における判断基準・対応処置手順等を定めており、また、市場で販売されている商品を購入し、実際にトレースができるか等、工場単位でのトレース確認も行ってきましたが、回収を前提とした訓練は行ったことがありませんでした。そこで、定めた手順が実際の有事の際に活かされ、迅速かつ的確な判断ができるかを確認するため、2014年より製品回収を想定したシミュレーション訓練も実施しています。

　商品回収は起こさないことが望ましいのですが、人も機械も100%ではありません。そのため、日々の管理を適正に行い、万一、回収となった場合においても、事実関係を迅速に掴み、的確に判断できるように訓練しておく必要があると思います。

　訓練は、各部署の協力を得ながら、各会議・委員会メンバーを招集して実際の手順に沿って行いましたが、細かな問題や反省点については、今後、手順を含めさらに改良して行きたいと考えています。

7.4.3 お申し出に対する対応

クレーム発生時のお客様対応も重要です。食品工場の製造現場では既に当たり前になっている"金属探知機やX線異物検出機の設置"、"フィルターの設置"、"人が介入しない密室でのオートメーションでの製造ライン"等は、多くの一般のお客様（消費者）には認識がないと思います。実際のクレーム対応（報告書の提出）でも、これらの情報をお客様に伝える（ギャップを埋める）だけで、納得いただけることが多いことからも、この情報ギャップがお客様の不安をあおっているようにも思われます。

これまで、O-157などの食中毒事件が発生するまでは、食品については"安全"が重視されてきましたが、近年では"安心"が重要視される傾向にあります。"安全"は科学的に証明できるものであり、専門知識を要しますが、"安心"はコミュニケーションによってしか得られないものと思います。その上、いまや"安全"は消費者にとって当たり前で

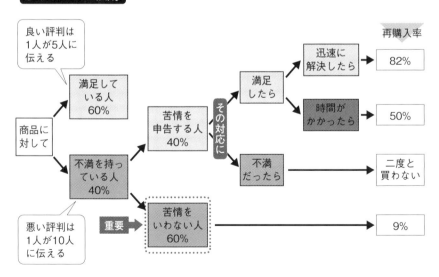

図7.6　グッドマンの法則

あり、"安心（心理的判断による信用問題）"が企業の存続を左右するようになってきており、誠実さと、消費者感覚に基づいた情報開示が非常に重要になっています。そのためには、スピーディで正確な情報を、誠意をもってお客様に伝える初期（初動）対応が何より重要と考えます。

グッドマンの法則（図7.6）によると、不満を感じて苦情を申告した顧客のうち、迅速に対応して納得した人の約80％は信頼を回復して再購入するとなっています。この法則の意味するところは、「顧客の不満を生かせ」ということであり、苦情は宝物との発想転換にあると思います。ただし、苦情歓迎とはいえ、苦情が出た原因となる同じ問題が二度と発生しないよう、その苦情情報を活用しての再発防止を図ることは必須です。また、不満を感じたお客様でも、約60％は苦情をいわずに黙って去ってしまうというデータもあるため、お客様が不満を感じたときに、苦情を申告しやすい（コミュニケーションしやすい）環境を整えることも重要です。

7.4.4 改善のポイント

食品工場での異物混入防止対策の進め方としては、「衛生3原則」（図7.7）の視点で現場を確認し、「5S（7S）」で手を打ち、改善していくことが重要です。「持ち込まない」「発生させない」「取り除く」ためには、

微生物制御	異物制御	防虫防鼠	洗剤・薬剤管理
入れない 付けない 汚染させない	持ち込まない	侵入させない	誤って、又は故意に入れない
増やさない	発生させない	増やさない	基準以上に使わない
殺す 低減させる	取り除く	殺す 捕獲する	すすぐ

図7.7　ポイントは、衛生3原則

「正しい原料・包材を使用し」「正しい加工を行い」「正しい製品かをチェックする」必要があり、決められたことを、決められたとおりに、正しく確実に実行していく必要があります。

　また、これらを確実に実行できるようにするためには、初期清掃が重要です。清掃によりゴミや汚れ、異物を除去し、清潔な状態（＝異常を発見しやすい環境）にすることが何よりも大切です。このように問題が誰の目にも明らかな状態で機器をチェックすることにより、不具合や欠陥を発見しやすくなり、汚れや漏れ等の発生源をつきとめ、改善につなげることができるようになります。

　加えて、不具合を不具合として見る目を養い、見つけた不具合はできる限り自分たちで直すこと（全員参加とすること）で、意識が高まり、継続的な活動として定着していくものと考えます。

7.5 終わりに

　食品への異物混入事件が相次ぐなか、流通や消費者からの要求レベルは日に日に高くなっています。個人が異物混入を簡単に発信できるネット環境の普及等で、騒動が短時間のうちに急拡大するケースが後を絶ちません。対応を誤れば企業存続の危機にも繋がりかねない状況であり、お客様からのクレームには、短期間での原因解明と、クレーム当事者へのきめ細かな対応を同時に進める必要があります。

　また、メディアは被害者の目線で見ています。悪意を持って異物を混入された場合、本来であれば造り手も被害者ではありますが、造り手の視点で情報提供すると、話がまとまらず、平行線で決裂となる可能性もあります。このような"初期対応のまずさ"が命取りになることは十分に考えられます。

　食品防御は、どれだけ対策をとっても完全な防御は難しいと思います。しかし、できる限りの対策を進めていくことで、食品への意図的混入に対するけん制や従業員への意識づけをする効果はあると思います。

　特に、従業員とのコミュニケーションの取り組みは大切であり、異物混入により従業員を疑うことは、信頼関係の崩壊にも繋がります。あくまで従業員とのコミュニケーションによる信頼関係構築をベースとし、万一に備えたソフト面・ハード面での体制をつくることが重要と考えます。

　前述のカメラの設置に関しても、けん制の意味合いもありますが、真の目的は"有事の際の記録"としての活用であり、従業員を守るためのものです。自社製品に意図的な食品汚染が疑われる場合、お客様はまず工場の従業員に疑いの目を向けられるということを従業員に意識づけ、映像により商品だけでなく、従業員の安全（安心）も担保するものであることを十分に理解してもらう必要があると思います。

　異物混入防止対策は、偶然的な混入に対しても、故意による混入に対しても基本となる仕組みづくりと人づくりが最も大事です（図7.8）。

当社の食品防御ははじまったばかりであり、これを読まれる皆様には物足りないことも多いかと思います。また、実際に対策を行っていくには、コスト面を含め、障害が多くあります。しかし、市場が急激に変化する中、現状維持では対処できません。亀の歩みではありますが、現状維持は退化と同義と捉え、これからも仕組みづくりと人づくりに向かって進んで行きたいと思います。

　最後に、当社の食品衛生7S活動をご指導いただき、またこのような発表の場を与えていただいた角野品質管理研究所の角野久史氏に厚くお礼を申し上げます。

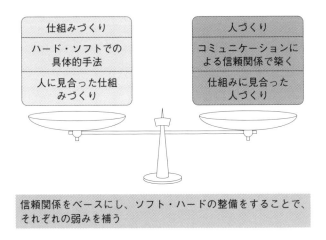

図7.8　仕組みづくりと人づくり

【監修者・著者略歴】

米虫　節夫（こめむし　さだを）〈監修・第3章〉

大阪市立大学大学院工学研究科　客員教授、食品安全ネットワーク　最高顧問（前会長）、大阪大学大学院発酵工学専攻博士課程中途退学、大阪大学　薬学部助手、近畿大学農学部講師、助教授、教授をへて定年退職

（一財）日本規格協会、（一財）日本科学技術連盟などの品質管理、実験計画法などの講師・運営委員など担当、「デミング賞委員会」元委員、日本防菌防黴学会　評議員、理事、会長、などを歴任、現在、顧問。日本ブドウワイン学会　編集委員長、評議員、理事などを歴任、現在　顧問・名誉会員。「環境管理技術」誌、「食生活研究」誌 編集委員長。日経品質管理文献賞受賞（1977、2000、2006、2011）

細谷克也、米虫節夫、角野久史、冨島邦雄監修「HACCP実践講座」（全3巻）、日科技連出版、1999.10～2000.06
米虫節夫、角野久史、冨島邦雄監修「ISO22000のための食品衛生7S実践講座、食の安全を究める食品衛生7S」（全3巻）、日科技連出版社、2006年
米虫節夫、加藤光夫、冨島邦雄監修、編集：月刊食品工場長 編集部：「現場で役立つ　食品工場ハンドブック」改訂版、日本食糧新聞社、2012.09
など　著書、論文など多数

角野　久史（すみの　ひさし）〈監修・まえがき〉

現職　株式会社角　野品質管理研究所　　代表取締役
経歴　1970年京都生協入協、支部長、店長、ブロック長を経て1990年に組合員室（お客様相談室）に配属され以来クレーム対応、品質管理業務に従事する。
　　　2000年10月株式会社コープ品質管理研究所設立
　　　2008年3月10日京都生活協同組合定年退職
　　　2008年3月11日株式会社角野品質管理研究所業務開始
食品安全ネットワーク会長
消費生活アドバイザー
京都府食品産業協会理事
京の信頼食品登録制度審査委員
京ブランド食品認定ワーキング・品質保証委員会副委員長
日本惣菜協会「惣菜製造管理認定事業（JMHACCP）」審査員

著書
・編著「こうすればHACCPができる」・「こうすればHACCPシステムが構築できる」
　　　「こうすればHACCPシステムが実践できる」―日科技連出版社
・編著「食品衛生7S活用事例集1・2・3・4・5・6」―日科技連出版社
・編著「食品衛生7S活用事例集7」―㈱鶏卵肉情報センター
・編著「やさしい食品衛生7S入門」―日本規格協会
・編著「通信教育―食品衛生7S入門」―日本技能教育開発センター
・編著「フードデイフェンス」―日科技連出版社
・監修「食品衛生7Sかるた」―㈱鶏卵肉情報センター
・編著「食品の異物混入時におけるお客様対応」―日科技連出版社　その他

田中　達男（たなか　たつお）〈第 1 章〉

1952 年兵庫県出身。関西大学大学院工学研究科博士課程前期課程修了。株式会社ニチフ端子工業技術部品質保証グループ長、日本インシュレーション株式会社 TQC 部長、株式会社赤福品質保証部長を経て、2012 年から株式会社赤福品質保証部補佐。
食品安全ネットワーク　役員、きょうと信頼食品登録制度　検査員、一般社団法人日本規格協会　講師、一般社団法人日本科学技術連盟　講師、一般社団法人日本品質管理学会　正会員、標準化戦略研究会　会員、モチベーション研究会　会員、ISO9001 審査員補、ISO14001 審査員補、第一種衛生管理者。

尾野　一雄（おの　かずお）〈第 2 章〉

1972 年兵庫県神戸市出身。関西大学大学院にて生物工学を専攻した後、イカリ消毒に入社。有害生物管理の業務を経験。現在は同社のコンサルティンググループ　シニアコンサルタントとして、主に食品安全の規格認証、異物混入防止対策、微生物対策、5S サポート、有害生物管理プログラム設計などのコンサルティング、講演、原稿執筆を行っている。その他、FSMS 審査員補、中級食品表示診断士などの資格を有している。

猫西　健太郎（こにし　けんたろう）〈第 2 章〉

特定社会保険労務士。1975 年大阪府出身。中京大学体育学部卒業。学生時代は自転車競技に没頭する。試合の最高位は全日本インターカレッジ 3 位。約 15 年間のサラリーマン生活を経て、社会保険労務士事務所「猫西経営労務サポート」を開業。また、サブとして保険代理店業務も営む。専門分野を活かし、「真のフードディフェンスは労務管理が基本」をモットーにセミナー、執筆活動、従業員研修等を行っている。社会保険労務士の立場から「従業員のモチベーションや満足度向上」が前提に無ければ「フードディフェンス」は成り立たないことを分かりやすく解説している。
【ホームページ】 http://www.neko-sr.com/

衣川　いずみ（きぬかわ　いずみ）〈第 4 章〉

1969 年大阪府出身。神戸女子薬科大学（現神戸薬科大学）博士前期課程修了。外食企業で品質保証業務に従事したのち、食品安全・品質のコンサルティング会社である（株）QA- テクノサポートを設立。現場の 7S 活動や FSMS/FSSC/QMS/HACCP の構築・運用指導に従事。三現主義を徹し、人を育てることに主眼を置いたコンサルティングを得意としている。薬剤師、QUS/FSUS/FSSC 主任審査員。
【ホームページ】 http://qa-techno.co.jp/

鈴木　厳一郎（すずき　げんいちろう）〈第 5 章〉
　1970 年生　和歌山県出身。自動車整備用工具メーカーで製品開発及び設計業務を担当後、2001 年 9 月にフードクリエイトスズキ有限会社に入社。食品メーカーへの品質管理・衛生管理及び食品衛生 7S 活動に関するコンサルティング業務を担当。また品質マネジメントシステム主任審査員として ISO9001 の審査業務を行いつつ、品質マネジメントシステム（ISO9001）、食品安全マネジメントシステム（ISO22000、FSSC22000）認証取得の支援業務を行っている。食品安全ネットワーク事務局長。

名畑　和永（なばた　かずなが）〈第 6 章〉
　1963 年　岐阜県出身。大学卒業後、重電関係の電気制御設計会社に入社。地元明宝を愛し、明宝特産物加工株式会社に転職。総務であったが、当時の社長より食品衛生推進担当者に任命され初代 7S チームリーダーに就任。衛生管理の構築を目指し、熟練工などと衛生管理について議論しながら、経営陣との折衝で工場内改築などを進めた。食品安全ネットワークに参加し、食品衛生 7S や HACCP などの衛生管理システム構築を学び、ISO22000 などの取得を推進する。現在、同社の専務取締役となる。

奥田　貢司（おくだ　こんじ）〈第 6 章〉
　1962 年　高知県出身。名古屋にて、IT 関連企業に就職し、後に食品関連卸会社に転職し在庫管理システムの導入の参画。新規参入の PCO 業務の立上げメンバーになり、食品衛生管理等の業務に携わる。PCO 業務では、外食産業の品質管理室と協力し、レスケミカルを中心にした防虫管理を提案し実践導入も行った。その後、食品安全ネットワークなどの活動に参加し、食品衛生 7S や HACCP などの衛生管理システム構築をサポートするコンサルティングを展開している。

前川　佳範（まえがわ　よしのり）〈第 7 章〉
　1977 年　兵庫県出身。徳島大学工学部化学応用工学博士前期課程修了。四国化工機株式会社入社後、工場品質管理課から営業職にも従事。現在は食品事業生産本部 品質保証部に在籍。直接生産に関わらない間接部門として、品質的な部分について、社内の統一した基準や仕組みづくりなど、品質的な部分で、工場（生産）と営業（販売・お客様）の間を取り持つ支援業務を行っている。

食品衛生7Sで実現する!
異物混入対策とフードディフェンス　NDC498.54

2015年8月25日　初版1刷発行　　定価はカバーに表示されております。

Ⓒ監　修　米　虫　節　夫
　　　　　角　野　久　史
編著者　食品安全ネットワーク
発行者　井　水　治　博
発行所　日刊工業新聞社
〒103-8548 東京都中央区日本橋小網町14-1
電話　書籍編集部　　03-5644-7490
　　　販売・管理部　03-5644-7410
　　　FAX　　　　　03-5644-7400
振替口座　00190-2-186076
URL　http://pub.nikkan.co.jp/
e-mail　info@media.nikkan.co.jp
印刷・製本　新日本印刷

落丁・乱丁本はお取り替えいたします。　　2015　Printed in Japan
ISBN 978-4-526-07452-3
本書の無断複写は、著作権法上の例外を除き、禁じられています。

●日刊工業新聞社の好評図書●

大好評発売中!
食品衛生7S入門Q&A

米虫節夫　角野久史　冨島邦雄　監修
定価　2,200円+税
ISBN　978-4-526-06008-3

「食品衛生7S」は、5S（整理・整頓・清掃・清潔・躾）に食品工場で必須の「洗浄」と「殺菌」を加えたもので、食品の安全・安心に関する品質保証の仕組みを確立する土台を作り上げる取り組み。本書は、Q&A形式で食品衛生7Sをわかりやすく解説した入門書で発売以来すでに6刷となっている大好評本。

第1章　なぜ、今、食品衛生7Sか
第2章　ISO22000などと食品衛生7Sとの関係
第3章　整　理
第4章　整　頓
第5章　清　掃
第6章　洗　浄
第7章　殺　菌
第8章　しつけ
第9章　清　潔
第10章　ドライ化
第11章　PCO（ペストコントロール）
第12章　食品等事業者が実施する食品衛生7S
第13章　全社で進める食品衛生7S―食品衛生7Sの運営・推進